你的情商，决定你的人生高度。

高效能人士的情商训练课

高情商培养与训练手册

张洪与 ◎ 著

中国商业出版社

图书在版编目（CIP）数据

高效能人士的情商训练课 / 张洪与著 . -- 北京：中国商业出版社, 2020.9

（高效能人士成长系列）

ISBN 978-7-5208-1253-5

Ⅰ.①高… Ⅱ.①张… Ⅲ.①情商—能力培养—通俗读物 Ⅳ.①B842.6-49

中国版本图书馆 CIP 数据核字 (2020) 第 179487 号

责任编辑：朱丽丽

中国商业出版社出版发行
（100053 北京广安门内报国寺1号）
010-63180647 www.c-cbook.com
新华书店经销
三河市宏顺兴印刷有限公司印刷

*

710毫米×1000毫米　16开　16印张　250 千字
2020年12月第1版　2020年12月第1次印刷
定价：48.00元

****

（如有印装质量问题可更换）

前言

1988年,以色列心理学家巴昂(Bar-On)首次提出了情商(EQ)这一概念,他认为情商是一系列有助于个体应对和处理各种问题所需的社会能力和情绪能力。

毫无疑问,情商高的人具备强烈的自我意识和自我管理能力,善于进行自我激励,并在同理心的驱使下理解他人的情感和思想,展示出高超的自律能力与领导力。

一个人在取得成功的过程中,20%靠智商,80%靠情商。高效能人士懂得发挥积极情绪的力量,在学习、工作与人际交往中表现出强大的适应性及抗压能力,活出全新的人生高度。

美国加利福尼亚大学教授罗伯特·罗森塔尔,曾经和助手对一所小学各个年级的学生做过"智商测试"。

测试结束之后,罗森塔尔拟定了一份名单,然后对老师说:"根据调查,这份名单上所列学生的智力水平超出了同龄人,他们的前途不可限量。为了保证这次测试的公正性,我希望老师们对这份名单保密。因为这项测试和研究是一个艰巨的课题,也许10年之后才能得到答案。等时机成熟了,自然会公布答案。"

接着,每位老师都得到了一份"天才学生"名单。大约过了8个月,罗森塔尔和助手又回到了学校。他们开始对这些学生的个人成绩、在校表现进行较为详细的统计调查。结果他惊喜地发现，在过去 8 个月的时间里，这些"天才学生"的学习成绩突飞猛进，而且在为人处世、待人接物等方面也有了很大进步。

原来，罗森塔尔教授从一开始就"欺骗"了老师，那份"天才学生"名单无疑在暗示他们：要在以后的教学中对这些优秀分子给予优待。而受到优待的学生，也会认为自己就是所谓的"天才"，从而在积极心理暗示的引导下努力学习，变得越来越优秀。

人们在观念、情感等方面容易受到外界环境的影响，一旦进入积极的情绪状态中就会变得更加乐观、坚强、勇敢，也更有韧性和行动力，充分释放个人潜能。

比智商更重要的是"情商"，即个人管理情绪的能力。高效能人士善于感知自己与他人的情绪变化，并利用这些信息指导自己的思想、调控他人的行为，从而拥有强人的掌控力。

研究表明，情商不是天生固有的，它成形于我们的童年时期，可以在成年以后继续培育和提升。通过有针对性地刻意练习成为一个高情商的人，对我们的健康、家庭及工作将会产生直接益处。

情商是一种基本的生存能力，决定你一生的走向与成就。本书系统总结了情绪感知的原理、情绪控制的方法、情绪练习的技巧，帮助大家增长情绪智慧，努力成为一个高情商的人，在日常生活与工作中具备较强的应变能力和影响力。

| 目录 |

第一辑　情绪感知 | 保持对情绪的觉察，获得平和的能力

第01章　情绪认知：是什么触动了你敏感的神经 ………… 003

　　神经活动产生情绪反应………………………………… 004
　　感动源于触景生情……………………………………… 006
　　"错失恐惧"引发心理焦虑…………………………… 008
　　你为什么感觉不舒服…………………………………… 010
　　生理因素促使情绪波动………………………………… 012
　　因爱生恨是怎么回事…………………………………… 015

第02章　情绪表达：聪明人懂得用好自己的情绪智力 ………… 017

　　情绪的主观体验与评价………………………………… 018
　　神奇的"脑补"现象…………………………………… 020
　　你会正确表达情绪吗…………………………………… 022
　　用好你的情绪智力……………………………………… 024
　　积极情绪让人生充满力量……………………………… 027

第03章 情绪识别：透过"微表情"读懂人心 ················ 029

提升你察言观色的能力··················· 030
基于面部表情的情绪识别················· 032
读懂脸红背后的玄机···················· 034
学会正确处理他人的情绪················· 036
诚恳地体验消极情绪···················· 038

第04章 情绪评价：持续地相信并基于直觉行事 ············ 041

为什么有时候直觉更可靠················· 042
道德情绪让你成为一个理性人·············· 044
群际情绪左右心理认同··················· 046
文化差异导致情绪评价不同················ 048
男人和女人的情绪差别··················· 050
"喜怒哀乐"才是生活的真相··············· 052

第二辑 情绪控制 | 找到大脑中理智与情感的平衡点

第05章 挫败与无力感：情绪失控就在你我身边 ············ 057

我们如何战胜挫败感···················· 058
为什么在飞机上容易情绪失控·············· 060
别因为心情差就迁怒于人················· 062
你会无限放大自己的情绪吗················ 064
在疯狂的世界保持理智··················· 066
做一个情绪稳定的成年人················· 069

第06章 理性情绪疗法：坚定地改变信念、情感和行为 ……… 071

- 学会区分不健康的情感………………………………………… 072
- 如何避免催眠式洗脑…………………………………………… 074
- 改变想法，摆脱情绪沉迷……………………………………… 076
- 大胆驳斥不合理的信念………………………………………… 078
- 你的视角可能永远存在偏见…………………………………… 080
- 冲动是魔鬼……………………………………………………… 083

第07章 积极心理暗示：自我感觉良好产生惊人的力量 ……… 085

- 心理暗示的神奇效力…………………………………………… 086
- 让乐观成为一种人生情怀……………………………………… 088
- 征服内心的消极想法…………………………………………… 090
- 别让那些不满意摧毁你的自信………………………………… 092
- 努力摆脱生活中的不幸………………………………………… 094
- 随遇而安，化遗憾为幽默……………………………………… 096

第08章 与坏情绪共舞：别让负面情绪吞噬你的心灵 ………… 099

- 用宽容化解仇恨情绪…………………………………………… 100
- 用淡定摆脱浮躁情绪…………………………………………… 102
- 用克制平抑愤怒情绪…………………………………………… 105
- 用理智面对恐惧情绪…………………………………………… 107
- 用感恩替代抱怨情绪…………………………………………… 109

第09章 情绪安抚技巧：对情绪低落的人采取正面行动 ……… 111

- 学会真诚地关心他人…………………………………………… 112
- 承认错误有助于赢得信任……………………………………… 115

帮助挫折承受力低的人……………………………117
鼓励比指责更有价值………………………………119
如何安抚考试失利的孩子…………………………121
善待他人就是善待自己……………………………123

第10章　提高情商指数：不会控制情绪其实就是情商低 ………125

高情商从情绪管理开始……………………………126
任何时候都不要仓促下结论………………………128
不要做愚蠢的聪明人………………………………130
心怀不满的人什么都做不好………………………132
避免凡事与人争论高低……………………………134
别在失意者面前扬扬得意…………………………137

第三辑　情绪练习丨增强心理韧性是可以学习和掌握的技能

第11章　情绪与健康：70%的疾病都是"情绪病" …………141

情绪影响人的身体机能……………………………142
每个人都应该远离"情绪病"……………………145
管理压力，拥抱美好人生…………………………147
情绪障碍引发心理抑郁……………………………149
肠胃焦虑究竟是怎么回事…………………………151
生命无常，请别辜负好时光………………………153

第12章　情绪与家庭：别把最差的脾气，给了最亲近的人 ……155

原生家庭对人的影响有多大………………………156
请给孩子爱的教育…………………………………159

妈妈的情绪决定孩子的未来·················· 161

善于和孩子分享情绪······················ 164

让你所爱的人拥有笑容···················· 167

美满的婚姻是守出来的···················· 169

第13章　情绪与社交：带着同理心交朋友，做人生赢家 ········· 171

善于感知和理解他人的情绪·················· 172

"社交紧张"是怎么回事···················· 175

让人对你感兴趣的心理策略·················· 178

不因一无所有而耻于交往··················· 181

避免发生麻烦的行动策略··················· 184

第14章　情绪与工作：充分挖掘情绪劳动的价值 ············· 187

人类的优势在于情绪劳动··················· 188

战胜思维惰性，培养主动精神················· 190

养成良好的工作习惯····················· 192

始终保持自我突破的自觉··················· 194

工作中永远不给自己找借口·················· 196

"逆转思维"帮你化解难题·················· 199

第15章　情绪与爱情：恋爱时你的大脑在想什么 ············· 201

初恋是一个人的兵荒马乱··················· 202

我们好像在哪儿见过····················· 205

多巴胺奖赏系统带来愉悦感·················· 207

为什么情人眼里出西施···················· 209

女人"吃醋"背后的嫉妒心理················· 211

为何恋爱中的人患得患失··················· 213

第16章 情绪与销售：抓住客户情绪变化，捕捉成交信号 ……… 215

销售工作最考验人的耐性……………………………………… 216
把客户的批评当作个人成长的梯子…………………………… 218
比客户要求的做得更好………………………………………… 220
千万别跟客户较劲儿…………………………………………… 222
如何将客户的敌意消于无形…………………………………… 225
做不成买卖，但可以成为朋友………………………………… 227

第17章 情绪与管理：领导者要有处变不惊的心理素质 ……… 229

为什么情商比智商更重要……………………………………… 230
学会调节自己的心情…………………………………………… 233
合理引导众人的欲望…………………………………………… 235
情绪糟糕时，别做任何决定…………………………………… 237
做一名高效的沟通者…………………………………………… 239
懂得踩油门，也要懂得踩刹车………………………………… 242

第一辑　情绪感知
保持对情绪的觉察，获得平和的能力

叔本华说过："让我们快乐或者忧伤的事物，不是那些客观真实的事物，而是我们对这些事物的理解和把握。"你的情绪里，藏着你的人生。许多时候，愤世嫉俗解决不了任何问题，觉察自己和他人的情绪，认清现实，心绪平和地做好每件事，才能活出你想要的样子。

世界很复杂，你要趁早活明白。高效能人士掌握情绪认知、情绪表达、情绪识别、情绪评价的艺术，在认识自己的同时也理解他人，凭借非凡的思考力脱颖而出，获得了先人一步的竞争力。

第01章 情绪认知：
是什么触动了你敏感的神经

情绪是如何产生的？为什么你容易情绪低落？正确认知情绪，是重新认识自己、突破自己的关键。如果你想成为一个内心强大的人，必须完成情绪认知升级。

神经活动产生情绪反应

遇到开心的事，感觉到高兴；被他人挑衅，心生怒气……不同的情绪感觉是人们对外界刺激肯定或否定的心理反应，我们称之为"情感"。

爱慕、厌恶、悲伤、恐惧等情感让人感受到生活的方方面面，也让人体悟到生命的意义。那些轻生的人，往往对生活失去了信心，缺少继续活下去的理由，所以死亡或许就成了他们的选择。

那么，不同的情绪感觉或情感是如何产生的？研究表明，这一切都与大脑内的神经分子驱动有关。

一个小男孩和妈妈吃自助餐，他本来看中了一块比萨，随后又发现了旁边的牛排。于是，他迅速夹了一块牛排放到盘子里。美国圣地亚哥索尔克生物研究所的科学家发现，可能是多巴胺赋予了小男孩瞬息移情的决策行为。

多巴胺是一种帮助细胞传送脉冲的神经传导物质，它与人的情欲、感觉有关，它能够帮助人们传递兴奋及开心的信息。实验结果证实，当人期待收获、奖赏，感到胜利在望的时候，体内的多巴胺会升高。

生活中，人们都在寻求被肯定、被接纳、被欣赏。相对于物质需求来说，这种情感或心理上的需求更复杂，也较难得到满足。毫无疑问，寻找和发现这些需求容易激发多巴胺的分泌。这可以解释为何有的人即使遭受再多困苦也奋斗不息，他们不断给自己设立新的目标，在积极进取中感受到了成就感，这实际上是多巴胺使然。

脑神经活动让人们产生不同的情绪体验,而身体也会分泌很多化学因子影响情绪的表达。生活中,丰富多彩的情绪感觉让我们充分感受这个世界,并形成特定的人生观、价值观。

此外,情感促使人们深入地挖掘自身的"灵魂",由此具备共情的能力,进而真诚地表达内心的关切,并希望获得相应的回报。有时候,即便这种奖励和回报是虚无的,人们也乐此不疲。比如,打游戏上瘾的人始终处于兴奋状态,他们不断寻找新的胜利机会,进而得到相应的奖励。

我们总是渴望自己缺失的东西,并产生强烈的欲求,因为大脑更容易对新鲜的东西产生兴趣,甚至为此兴奋。那些稀缺、新鲜的东西会刺激多巴胺的分泌,但是这种神奇的物质很快就会被代谢掉,所以人们不得不再次陷入寻找刺激的循环中。因为求之不得,烦恼和痛苦也就相伴而生了。

人们在神经活动的驱使下,会产生特定的情绪体验;反过来,情绪产生变化也与大脑受到特定的刺激密切相关。如果你想获得良好的情绪感受,首先要做一个热爱生活和热爱他人的人,这样才能在主观意识上产生积极的欲求。

感动源于触景生情

在心理上产生情绪波动，是多种因素作用的结果。其中，外部环境中的一些特定因素会让人回忆起往事，诱发强烈的体验，我们称之为"触景生情"。

听到一首老歌，会想起初恋，眼前闪过甜蜜而伤感的过往；品尝到家乡菜，会想起久别的故乡，想起妈妈厨房忙碌的身影……因为"触景生情"而感动，这太正常了，因为我们都是有情感的人。

通常，人们对那些过目难忘的人和事总是印象深刻，并在内心深处为它们保留一席之地。一旦遇到特定的环境，这种情感就被激发出来，人们就会有某些特殊的举动。

在一个古老的村子里，两个不同姓氏的家族水火不容。每天清晨，周氏家族的一位年轻人周兴都会按时到一条乡间小路上散步。遇到吴氏家族的另一位年轻人吴尘，周兴总是微笑着打招呼："早安。"

吴尘对周兴并不友好，面对热情的问候常常冷漠以对。但是，周兴每天早上仍然对吴尘道一声早安。终于有一天，吴尘不再对周兴抱有敌意，也习惯性地道"早安。"

多年后，周兴在外地落魄，眼看就要病饿而死。一个阴冷的清晨，他拖着疲惫的身躯敲响了一户人家的房门，准备向对方求救。门开了，吴尘探出头，周兴习惯性地脱口而出："早安！"

吴尘努力克制住惊诧的表情，顺口说："早安。"接着，吴尘热情地把周兴请到屋内，开始精心照料。过了一段时间，周兴终于身体康复，转危为安。

早年，周兴用善意赢得了吴尘的信任与好感；多年以后，吴尘见到落魄的周兴，想到了对方的慈善，通过举手之劳挽救了他的性命。

人是很容易被感动的，而感动一个人未必需要慷慨的施舍、巨资的投入。只要触碰到当事人内心深处的某个地方，一旦触景生情就会令其情感释放出来，从而做出特定的举动。

当然，一个人如果内心过于敏感、脆弱，外界有点儿风吹草动就心潮澎湃、情绪波动，则不利于做出理性的思考和判断。经验表明，过于情绪化的人因触景生情而患得患失、举棋不定，很难有所作为。

情绪来源于我们的信念、价值观，也受到特定情境的影响。有时候，以往经历中的经验会在某种场景和行为中被激发，从而表现出固有的情绪，这就是"触景生情"的发生机制。只有意识到这一点，并懂得免受外界环境的影响，才能做到处变不惊、从容不迫，表现出应有的成熟与稳健。

"错失恐惧"引发心理焦虑

作家安妮·斯塔梅尔最早提出了"错失恐惧症"这一概念，它特指总在担心失去或错过什么的焦虑心情。有的人无法拒绝任何邀约，担心错过任何有助于人际关系的活动，结果在心理上陷入困境，这就是典型的错失恐惧症状。

看到身边的人做某件事，自己也要立刻采取行动。如果你询问这样做的理由，对方大多表示担心落后，因此产生盲目跟风的行为。比如，听说邻居送孩子学芭蕾舞了，你也会产生这样做的冲动。

人是一种群体性动物，出于本能会对身边的某些事情表示担忧，甚至产生恐惧心理。有些人独居的时候，习惯不停地刷微博、看微信，担心漏掉关键信息。结果，原本平静的心变得犹豫茫然、患得患失、烦躁不安。

当网络社交成为一种常态时，它开始深刻影响人们的工作和生活。我们习惯查看手机中各种信息提示，整个人的情绪与心理状态会发生微妙的变化。留意朋友圈的最新动态，你会感觉别人的生活很美好，而自己成了一个旁观者。这时候，除了羡慕、嫉妒他人，或者自愧不如，也会在心头泛起错失的惶恐与焦虑。

在意外界的看法和别人的评价，是一种普遍心理。情商高的人懂得减轻不良刺激，掌控个人心理，始终保持积极的状态。

马克·鲍尔莱因说："一个人成熟的标志之一就是，明白每天发生在自己身上99%的事情，对于别人而言根本毫无意义。"请牢记，别人对我们的批评和赞美，更多的是反映出了他们内心的状态，并不能定义我们的好坏。

陈明和宋佳是一对恋人,他们与同事李飞走在回家的路上。这时候,一个穿着寒酸的卖花的小姑娘走过来,陈明略一迟疑,随后掏出钱买下了全部的花,送给女朋友宋佳。

看到这一幕,李飞心想:"陈明这么做,无非是想在女朋友面前炫耀一下,有什么了不起?这样做的人未免太虚伪了。"

宋佳拿着娇艳的鲜花,脸上露出了幸福的笑容,心想:"陈明是一个善良的人,也很爱我,和他在一起真是太幸福了。"

毫无疑问,李飞对陈明有点妒忌,即便对方出于善意买花,他也给予负面评价,甚至有些心理失衡。"错失恐惧"容易让人产生攀比心理,并变得焦虑不安。

事实上,我们对外界的认知常常会产生偏差,对外界的评判也会有失公允。保持一颗淡定之心,尊重并维护自己内心真实的感受,并对他人保持善意和理解,就容易远离忧虑、妒忌。

人最重要的是做好自己,不活在别人的影子里。生活中保持良好的心绪,不与他人攀比,才是智者所为。在纷繁复杂的人生里,平平淡淡才是常态,永远不去抱怨什么,就不会被外界打扰。

当你受到外界干扰时,请告诉自己:任何评价其实都和所做事情的实际价值无关,别人的批评不会让你的自我价值降低,真正重要的是在这个过程中,你是否让自己的生命得到了表达、延展或者绽放。

你为什么感觉不舒服

稳定的秩序和目标能够带给人安全感，令人愉悦。反之，如果谈话被打断、做事被打扰，我们会感觉心里不舒服。

大多数人遇到不顺心的事情都会做出本能的反应，选择逃避或对抗。当然，那些情商高的人抗挫折能力也更强，他们能有效排除不良情绪的干扰，在纷繁复杂的局面中理性思考，做出利人利己的决定。

吴欣是一家幼儿园的主管，最近她常常不开心。原来，幼儿园每次做活动的时候，领导都会发表不同意见："这个活动设计得太简单了，家长不会有兴趣，孩子也不会有兴趣……"随后，领导还提出几个方案，让吴欣修改。

但是，活动马上要开始了，之前大家已经彩排好几遍了，临时改动必然让参与者不知所措。为此，吴欣感觉很不爽。不过，胳膊拧不过大腿，她不得不妥协，采纳领导的意见，尽管心理上愤愤不平。

过了一段时间，吴欣发现领导的意见大部分是正确的，当然自己也有对的时候。事情就是这么奇怪，吴欣虽然接受了领导更容易做出正确决策的事实，但是下次发生同样的事情，她仍然在心理上感觉不舒服，情绪一度很消极。

没有人喜欢逆来顺受，在心理上无法接受他人的想法，一般都是因为别人冒犯了我们做人做事的准则和计划，或者觉得自己没有被公平对待。这时候，情商低的人容易失控，表现出抗拒、抵触等情绪；也有人选择默默接受，暗中悲伤、难过，或恐惧、害怕。

在上面的故事中，吴欣之所以感觉不舒服，主要有以下三个原因：第一，领导把她已经安排好的工作打乱了，这种情况换成谁都会不高兴；第二，产生了潜在的恐惧感，担心临时的变动会引起混乱，不能把握整个活动的进程和结果；第三，感觉自己的努力被否定，产生了强烈的挫败感。

遇到受挫的情况，不应沉溺于失落、悲伤、愤怒等情绪中，情商高的人懂得理性分析原因，找到正确的方向和目标，正确地做事。如果感觉不舒服就自怨自艾，或者不断抱怨，会让你坠入痛苦的深渊。

生活中，我们最大的消耗就是不分青红皂白地把时间和精力放在情绪对抗上。这样做既消耗自己，也四面树敌，会让你的路越走越窄。因此，遇到麻烦的时候先静下来，从利人利己的角度采取行动，就不会有那么多烦恼，也会让工作更有效率，让人际关系更和谐。

生理因素促使情绪波动

从心理学角度分析,情绪是"人对于自我需要或目的之情况所产生出的反应"。具体来说,包括生理变化、主观感觉、表情特征、行为冲动等内容。也就是说,情绪的表达是从生理、心理到表情、动作的连锁反应。

比如,一个人遭到羞辱以后,身体立刻会出现一系列变化——心跳加快、血流加速、呼吸急促等,这是情绪的生理变化,即情绪的第一阶段。然后,他会觉得非常不舒服,从而感受到"我生气了",这是情绪的第二阶段。接着,进入情绪的第三阶段——产生相应的面部表情和动作,比如眉毛紧皱、嘴角下垂、肌肉紧绷等。

作为一种复杂的心理活动,人的情绪变化受多种因素影响。显然,用生理因素解释特定的情绪反应,更容易找到正确答案。

小孩子哭闹不停,要么是饿了,要么是困了,或者是该换尿布了,这就是生理需求引发情绪波动的典型例证。随着年龄的增长,虽然我们可以用理性、道德控制情绪反应,但是仍然无法摆脱生理因素导致的情绪变化。

第一,内啡肽——缓解压力的良药。

有时候身体受伤却感觉不到疼痛,剧烈运动或做完瑜伽类伸展运动后感到舒服,大笑或大哭后感觉畅快,都是因为体内的内啡肽增加了。因此,如果出现消极情绪,可以通过运动、大笑、痛哭等方式放松身心。

一位身价不菲的企业家找到心理医生,想大哭一场。他说:"我在公司不能哭，因为上千名员工都把我当靠山，如果表现得太脆弱，他们会认为公司要垮了；我在家里不能哭，因为我是整个家庭的顶梁柱，必须时刻表现出坚强的一面。然而长时间无法发泄内心的压力，我觉得再不哭出来，就要崩溃了。"

哭泣是释放压力的一种有效方式，内啡肽在体内增加以后，会令人产生放松、愉悦的感觉，从而让焦虑的情绪回归平和。"男人哭吧哭吧不是罪"，有时候流泪可以让你更健康。遭遇重大压力时，学会释放自我是人生的必修课。

第二，亲密素——信任与被信任的秘诀。

当我们遇到可以依赖、信任的人，以及被人信任时，体内的亲密素会升高，进而获得更多安全感。安全是人的第一需求，因此双方产生信任的时候有助于产生积极的情绪反应。

千百年来，群居生活造就了个体对团队的强烈需求。对哺乳类动物来说，你只有跟随群体活动，安全才能得到保障；当群体迁移的时候，你要跟着跑，否则会面临极大的生存风险。今天，我们为什么会跟风、人云亦云，就是亲密素使然。

当一只羊远离群体时，意味着会有生命危险；当一个人远离群体时，会感到非常孤独。当你感受到孤独，意味着内心无助，实际上代表着生存受到威胁。这时候，你对外界感到恐慌，信任度降低，亲密素也会减少。

第三，5-羟色胺——产生尊重的原因。

当你感受到被尊重时，体内会分泌5-羟色胺。反之，5-羟色胺会降低。得不到他人尊重，甚至被羞辱，我们会感觉非常不爽，情绪失落到极点。

生活中遭遇挫败的人，会产生自我否定的念头，他渴望获得成功的机会，来证明自己并非一无是处。这时候，如果我们通过努力开始走出低谷，能够控制周围的局面，那么体内的5-羟色胺就会升高。

那么，如何增加自己的 5- 羟色胺呢？

（1）告诉别人你取得了哪些成就。

（2）接受当下的自己，尝试着释放压力，同时不放弃努力奋斗。

（3）与工作和生活中的不完美和平相处。

总之，人的身体之中有很多关于情绪变化的奥秘，当情绪波动时，不妨冷静下来，意识到身体中的化学成分在控制着我们。了解这些常识，并有针对性地付诸努力，就容易从根本上驾驭自己的情绪。

因爱生恨是怎么回事

情绪是一个人心理状况、精神状态的晴雨表,通过不同的情绪反应,可以有效地认识他人、了解自己。对情绪形成正确的认知是一门科学,如果在关键问题上由着性子来、妄加揣测,就会在错误的道路上越走越远。

理智与情感,是一枚硬币的两面。一个人无法有效掌控个人情绪,失去理性判断,往往容易导致灾难性的后果。"情绪是天使,也是魔鬼",情绪失控导致了人生80%的错误,也引发了无数因爱生恨的悲剧。

意大利南部一座庄园里住着一对夫妻,先生是一位优雅的绅士,太太是一位贤淑的贵妇,两人非常恩爱。

有一天,先生在卧室的衣柜里发现了一个精致的盒子。他打开一看,发现里面全是情意绵绵的情书,开头写着"亲爱的",结尾写着"你的太阳"。

顿时,先生火冒三丈,准备找到太太当面对质。他转念一想,不能打草惊蛇,于是晚饭的时候试探着问太太:"你有什么事情不要瞒着我,一定答应我。"太太说:"好的。"

先生看着太太一脸的平静,感觉很失望。但是他不露声色,准备继续观察。几天后,盒子里面又有了新的情书,先生再次询问太太,依然得到了同样的回答。

又过了一段日子,情书依然持续增加,先生忍无可忍了。最后,他当面质问太太,是不是爱上了别人。太太露出惊诧的表情,矢口否认;丈夫怒不可遏,情急之下失手掐死了太太。

事发突然,丈夫瘫坐在椅子上,后悔不迭。为了蒙混过关,丈夫谎称太太是因为突发心脏病亡故，打消了外界的猜疑。

过了一周，太太生前的闺蜜登门拜访，索要装满情书的盒子。至此，丈夫恍然大悟，原来太太是替闺蜜保管情书。他悔恨难当，是自己错怪了太太，并且因爱生恨酿成了无法挽回的悲剧。

许多人遇到过既憎恨却又无法割舍之情，情感和理性之间确实很难平衡，因此爱恨交织萦绕在心头，令人痛苦不堪。

爱需要表达、抒发，而出现问题的时候则需要找到出口，把握好理性驾驭它的尺度。如果一个人不能有效驾驭这份感情，那无疑是危险的。一旦对爱失去把控，我们就容易憎恨对方，失去理智。

水是滋养万物的源泉，但是发生洪灾时也会吞噬生命；火给予我们能量，但是发生火灾时也会烧毁一切。情绪失控的人冲动、冒进，像魔鬼一样无法理性思考，也不再拥有宽容、忍耐等美好品格，会做出伤害自己、伤害他人的事情。

任何事情都是物极必反，感情也是如此。情商高的人懂得在情感和理性之间寻找合适的平衡点，不让个人的贪心、欲念占据一切。

不可否认，爱很自私，心中有爱的人不但对特定目标产生强烈的渴望，也企图将与之有关的一切据为己有。如果这种想法得不到控制，爱也容易变成恨。因此，如果你爱一个人，请选择奉献的爱，而不是占有的爱。大爱无疆，真正的爱能包容一切，即便爱恨交织的时候也能保持理性。

第02章　情绪表达：
聪明人懂得用好自己的情绪智力

　　人生最大的错误，是把最差的脾气和最糟糕的一面，都给了最亲近的人。懂得好好说话，做事有耐心，发挥情绪智力的价值，才能实现高效沟通，妥善处理各种复杂局面。

情绪的主观体验与评价

情绪的产生和变化很快，令人捉摸不透。一方面，它在很大程度上受到外界因素影响，另一方面也受人的主观体验支配，区别在于哪个比重更大。情商高的人即使产生沮丧、挫折、痛苦等负面情绪，由于懂得在主观意识上积极调控，因此他们能最大限度地展示积极、乐观的一面，在情绪表达上更胜一筹。

经验表明，所有成功都是心理上的胜利。生活中，有人能够保持乐观、积极、顽强的心理状态，因此任何困难都无法摧毁他，这样的人大多无坚不摧。提升自己的情绪智力，做一个内心强大的人，即使面对挫折也能积极应对，就无惧任何风吹草动。

希尔顿开创了遍布全球的连锁高档酒店，几乎没有人不知道其大名。然而，又有谁知道他在创业初期仅有200美元资金呢？希尔顿能取得巨大成就，得益于他强大的情绪管理能力。

创业之初，希尔顿经过全面考察之后，决定进军酒店行业。他凭着超强的自信到处游说，吸引了许多金融家投资。有了资金保障，希尔顿很快启动酒店项目。不过，酒店建设进行到一半时，有一个投资商受到谣言的蛊惑，对希尔顿起了疑心，嚷着要撤资。

面对突如其来的变故，希尔顿并不惊慌，而是始终保持冷静，避免情绪失控。他提前准备好了大量现金和支票，找到那个嚷着要撤资的投资商，随后平静地问道："你是想要现金，还是支票？"

看到希尔顿带来的现金和支票，那个投资商并没有改变主意。接着，希尔顿又对他说:"假如你坚持收回投资的话,我不阻拦你,现金和支票任你选择。"很显然,他的自信让那位投资商动摇了。对方犹豫了一下,没有再提及撤资的事。

看到那位投资商的情绪已经被稳住,希尔顿决定乘胜追击。最后,他坚定的话语感染了投资商,使得酒店的建设得以顺利进行。

希尔顿无疑是一个心理素质绝佳的人,拥有掌控情绪的强大能力。虽然遭遇重大挑战,但是他表面上没有丝毫慌乱,从容淡定地与对方谈判,展示出自信、坚定的一面,并把这种情绪体验带给对方,最终稳住了局面。

情商高的人面对意外打击和不利局面,主观上不会气馁、失控,而是坚定、自信地解决问题,这种强大的气场很容易感染身边的人,从而让不良事态朝着有利的方向发展。

生活中,遇到不顺心、不如意的人和事不必失望,选择积极面对,对他人多一点理解和包容,自然容易得到认可、赢得转机。如果面对糟糕的局面情绪失控,势必会将消极情绪传染给更多的人,导致事态朝着更加不利的方向发展。

如果连自己的情绪都控制不了,即便给你整个世界,你也会毁掉一切。能保持乐观情绪的人更容易掌控局面,成为命运的主宰,成为人生赢家。

神奇的"脑补"现象

小男孩在楼下踢足球,不小心把邻居家的玻璃打碎了;这时候,他为了逃避惩罚,可能会脑补自己假如没有踢足球,没有将球踢向邻居家玻璃的场景。一对恋人分手了,因为孤独、痛苦,他们可能会脑补两个人没有分手,仍然在一起。

通过在脑海中建构现实中没有出现的场景、画面,人们可以获得美好的体验,让身心愉悦,或者找到正确答案,破解心中的疑团。这就是生活中无所不在的"脑补"现象。

研究发现,很多人照镜子时看到的自己往往比现实生活中的自己更漂亮。毫无疑问,这会给当事人带来愉悦的精神体验。显然,积极正面的脑补行为有助于保持良好的情绪,或者令人充满自信。

确切地说,"脑补"行为是按照自己的愿望和幻想,或者重新设置情节,从而获得情感方面的补偿,或者为解决现实问题提供帮助。事实上,脑补确实在许多方面发挥了无可替代的作用。

第一,脑补是个人成长的助手。

一个人的时间和精力终究是有限的,通过脑补发挥想象力思考人生、谋划未来,是个体成长的必经之途。乐观积极的人更擅长脑补成功后的自己,并为此付诸努力。也就是说,先有成功后的样子,再去行动和奋斗,是大多数人持续成长的关键。

脑补是大脑的一种适应性反应,可以帮助人们对事物形成全面的认识,或者动态把握未来发展趋势。在个人成长的道路上,优秀的人懂得想象美好的未来,增加获胜的信念,获取行动的力量。

第二，脑补催生了艺术和文学作品。

在远古时代，人类口口相传，留下了无数神话故事。后人根据这些神话在石壁上雕刻出图案，都是发挥想象力脑补出的画面。此外，后世文学中的诗词歌赋大多也是作者基于脑海中的画面创作出来的，而很多都有原型，只是在这种原型的基础上进行夸张或者变形。

梵高的绘画作品《星空》，利用星空与树的远近高低布景，借用地平线建筑的延伸实现空间的拓展。画面上各种景物的高度夸张变形，颜色的鲜明对比，给人一种强烈的震撼力。此外，梵高还留了一些空间让人们脑补，拓展画面的内容，呈现出与众不同的美感。

第三，脑补是创意行业推崇的思维。

今天，创新与创意是巨大的社会财富，它们的诞生都需要工作人员具备强大的脑补能力。比如，广告不仅要展示产品的一些基本信息，还要采用似是而非的手段，让人们在看到广告之后脑补那些没有说出的功效。

通常，化妆品广告需要找一些倾国倾城的模特，让你错以为自己使用该产品后也会变成美人。而美食广告大多色香味俱全，让你看到广告之后急于品尝，这也是为了激发消费者食欲，促使其购买。

你会正确表达情绪吗

情绪是对一系列主观认知经验的通称,是多种感觉、思想和行为综合产生的心理与生理状态。心理学家研究发现,情绪可以分为与生俱来的基本情绪和后天习得的复杂情绪。基本情绪和原始人类生存息息相关,复杂情绪必须经过人与人之间的交流才能掌握。

无论是基本情绪还是复杂情绪,无论是正面情绪还是负面情绪,都会引发特定的行动动机。尽管一些情绪引发的行为看上去没有经过思考,但实际上经过了意识的认同与加工。面对同一种情绪,虽然当事人会产生一样的感受和体验,但是他们可能做出不同的反应,这就是情绪表达。

1905 年,乔治·凯利出生在堪萨斯州的一个农场。高中毕业后,他取得了物理学学位,来到明尼苏达州教授公共演讲。后来,他放弃了教学工作,进入艾奥瓦州立大学学习,并获得心理学博士学位。

在大萧条时代,农业家庭面临着各种各样的困难,乔治·凯利深知这一点。于是,他立志做一个热情的心理学家。起初,他借鉴弗洛伊德的心理学方法,让农民们躺在沙发上,将自己的梦境描述出来。可是,对文化程度很低的农民来说,这套理论太难以理解了。为此,他创造了一种更为实际的方法解决大家的问题。

凯利的早期发明之一是"镜子时间"。他让人们在镜子面前坐半小时,观察自己在镜中的样子,然后回答下面的问题:你喜欢镜中的人吗?镜中的人是你理想中的样子吗?你在自己的脸上是否发现了一些别人不曾注意到的东西？虽然凯利知道人们很喜欢盯着自己的眼睛看，但他并不确信这种对镜沉思的方法能给人带来益处。所以，他决定根据此前公共演讲教学的经历，鼓励人们探索其他看待世界的方法。

之前大量的治疗经验告诉凯利，人的性格是多变的。就好像演员在职业生涯中会扮演各种类型的角色一样，人们在一生中也会变换不同的身份。

除此之外，凯利还坚信，人们看待自己的方式是心理问题产生的根源。因此，为了给病人做好心理治疗，首先要帮助他们建立正确的身份认同。他给自己的方法取名为"固定角色治疗"，随着时间的推移，还发明了一系列帮助人们建立新的身份认同的有效方法。

不恰当的情绪反应不仅会给他人带来麻烦，也会影响到自己的心情。积极乐观的人遇到挫折，会激励自己战斗下去，马上就能脱离眼前的困境；宽容豁达的人面对各种遗憾，会选择忘却，不与他人斤斤计较……正确表达情绪，可以帮你摆脱不良情绪的困扰。

反之，消极的人在挫折面前悲观失望，吝啬的人纠结于各种小事，他们不能正确表达情绪，结果让自己陷入无尽的痛苦中，让人生充满了种种遗憾。

生活中少不了各种小情绪，它们并不值得担忧。关键是你要做一个性格积极的人，妥善应对各种负面情绪，学会正确表达情绪，既保持心理健康，也维护好你与他人的关系。一个人只有学会正确表达情绪，才能做情绪的主人，成为命运的主宰。

用好你的情绪智力

心理学家认为，人类在情绪的理解和利用方面有显著的个体差异。有的人天生就能理解他人和自己的情绪，而有的人无法做到这一点。对情绪的体验和理解，每个人都有不同的感悟，这影响到人们在日后的情绪表达中采取不同的策略。

如何避免消极情绪的影响，如何利用积极情绪影响他人，这属于情绪智力的范畴。也就是说，如何与情绪共处，并在生活中展示情绪，影响一个人说话办事的效果，也能反映一个人的精神气质。

南非前总统曼德拉，因为领导反对白人种族隔离的政策而入狱。白人统治者把他关在荒凉的大西洋小岛上，囚禁了27年。当时，曼德拉年事已高，但白人统治者依然对他进行残酷的虐待。

在大西洋小岛——罗本岛上，曼德拉被关在总集中营的一个"锌皮房"，白天将采石场的大石块碎成石料。因为曼德拉是要犯，看管他的人就有3个。而且，这些看守对曼德拉并不友好，总是寻找各种理由折磨他。

1990年2月11日，南非当局在国内外舆论压力下，被迫宣布无条件释放曼德拉。1991年，曼德拉成为南非第一位黑人总统。在就职典礼上，这位新任总统做出了一个震惊世界的举动。

当总统就职仪式开始后，曼德拉起身致辞，欢迎来宾。他依次介绍了来自世界各国的政要，然后说："能接待这么多尊贵的客人，我深感荣幸。但是，我最高兴的是，当初在罗本岛监狱看守我的3名狱警也能到场。"

随即，曼德拉邀请3个人起身，并把他们介绍给大家。看着年迈的曼德拉缓缓站起来，恭敬地向3个看守致敬，在场的所有来宾以至整个世界，都静下来了。

后来，曼德拉向朋友们解释说："年轻时，我性子急，脾气暴躁。正是狱中生活使我学会了控制情绪，因此才活了下来。牢狱岁月给了我时间与激励，也使我学会了如何处理自己遭遇的痛苦。"

生活中，人际间的摩擦、误解以及纠葛、恩怨总是在所难免，如果带着怨恨上路，你会举步维艰，最后只会堵死自己的路。相反，从过去的悲伤情绪中走出来，放下怨恨，消除芥蒂，不但可以改善人际关系，还能让疲惫的心得到解脱。

像曼德拉那样平和地接受命运的不公，坦然面对苛责自己的人，远比抱怨、懊恼、仇视更有力量。"紧握拳头，抓住的只是空气；伸开五指，触摸到的将是整个世界。"曼德拉无疑拥抱了整个世界。

情绪智力主要来自我们的生活经验。一个阅历丰富、见识高远的中年人，比一个刚毕业的年轻人更成熟稳重，就是这个道理。教师和演员能接触更多的人，模拟多种角色，更容易理解他人的情绪，情绪智力也更强。

此外，情绪智力的高低还与我们的认知策略、价值观密切相关。心理学家艾利斯认为，造成不同情绪体验的直接原因并不是客观事件，而是主观认识和评价。面对同一件事，认知能力不同的人会做出不同的分析、判断，采取迥异的行动。而心态积极的人更容易理解他人，也懂得保持良好的情绪状态。

无论你面对何人，面对什么事情，内心都有一个愿望，就是希望被人喜欢，被人接纳，被人尊重，被人理解和肯定。不管什么文化、什么国家、什么语言、什么肤色的人，都有这样的愿望。为此，我们要积极主动与人对接，给予对方正面、积极的回馈。在情绪理解与表达方面敏锐、积极，就能展示自己高情商的一面。

情商低的人过于情绪化，不懂得控制自己的情绪，也不善于理解他人的诉求与情绪变化，因此对外部复杂的环境缺乏正确的认识，无论做什么都不如意。显然，这是情绪智力低下的表现。

今天，情绪智力已经成为我们提升竞争力的一个重要选项。情绪智力高的人能更深刻地意识到自己和他人的情绪与情感，从而有效调控自己与外部的关系，获得良好的社会适应能力。

积极情绪让人生充满力量

情绪是多种多样的,并且复杂多变,依据人体的生理反应主要有喜、怒、忧、思、悲、恐、惊七种。按照由情绪引发的行为所产生的后果,我们可以把情绪划分为积极情绪和消极情绪。显然,它们给人带来的心理体验是完全不同的。

20世纪末,心理学家在对关于心理疾病预防的研究中发现,对于抵御心理疾病起缓冲作用的关键词包括希望、信仰、勇气、忠诚、乐观、人际技能、坚韧等。这引起了美国心理学家马汀·塞利格的注意。于是,他发起了一场新的心理学运动,旨在呼吁人们关注积极情绪和积极潜力。

生活中,我们的确应该关注积极情绪的力量,提防过度的消极情绪可能带来的致命打击。下面这个故事就是很好的例证。

1759年,玛莎·卡斯蒂斯受邀到好友张伯伦家小住,同时接受邀请的还有年轻军官华盛顿上校。华盛顿对温柔美丽的玛莎一见倾心,玛莎也对面前这位威猛帅气的青年军官充满了爱慕之情。不久,两个人步入了婚姻的殿堂。

玛莎虽然不喜欢操持家务,而且丈夫在政坛步步高升,她仍然毫无怨言地承担起抚养孩子、清扫房间的重任。独立战争结束后,华盛顿当选为美国第一任总统;玛莎为了支持丈夫的工作,也开始盛装打扮起来。

华盛顿当了两届总统之后,才退出政坛。不久,他因为长年的劳累终于病倒了。1799年12月14日,华盛顿逝世。当时,玛莎坐在丈夫的床边,茫然失措地问身边的医生:"他去了吗?那么一切都结束了,我很快就会随他而去。我没有什么更多的考验要经受了。"

在医生看来，这个始终有着积极心态面对生活的妇人已经完全垮了。从华盛顿离世的那一刻，玛莎的灵魂已经追随丈夫远去了。仅仅过了2年，玛莎就去世了，最后与丈夫合葬在一起。

对玛莎来说，以前无论面对多么强大的压力、多么艰苦的环境，她都因为丈夫的爱和支持而保持乐观、积极的心态。但是，一旦华盛顿离开了，她的精神支柱便轰然倒塌，立刻变得消沉乃至绝望。这些消极情绪不仅让玛莎失去了生活的意志，也损伤了她的身体，于是2年后溘然长逝。

人与动物最本质的区别在于，人拥有会思考的大脑，能回望过去、总结现在、谋划未来。即使面对糟糕的局面，也能正确思考，始终保持积极乐观的情绪，那么生活就会充满阳光。

卡尔博士说："世界上有两种人，一种人认为自己是应得报酬与应受惩罚的依据，另一种人认为报酬和惩罚是诸如运气、天气和他人等外部因素带来的。通常，前一种人更乐观，心理能量更强，更有可能通过积极行动改善糟糕的现状。"

经验表明，流露出负面情绪会将你与周围的负能量联系起来。比如，过分担忧会吸引那些你不想要的东西。难怪有人说，担心什么就会得到什么。如果你想保持积极乐观的情绪，首先要改变消极的思维模式。做不到这一点，任何人都无法帮你从不良情绪中解脱出来。

第03章 情绪识别：
透过"微表情"读懂人心

你还在靠自己的直觉识人吗？你还在受"第一印象"影响吗？你还在轻信他人的谎言吗？情商高的人善于察言观色，透过"微表情"读懂人心。

微表情是人类大脑的一种边缘行为，这些细微的小动作或表情几乎不受大脑主观意识的控制或很少受控制，因此它们传达的信息非常真实。高效能人士善于读懂微表情背后的隐情与真相，因此无论做什么都游刃有余。

提升你察言观色的能力

对销售员来说，最重要的能力就是学会察言观色。透过面部表情、谈话内容和肢体动作读懂消费者的心理活动，能极大地提升成交概率。生活中，如果你也具备这种察言观色的能力，说话办事就会更加游刃有余，也更容易受欢迎。

当情绪发生时，人体除了有一系列生理反应之外，作为情绪的外部表现形式——表情、动作也会发生一定的变化。在人际沟通中，各种微表情最能传情达意，也是我们主观判断对方感情的方法之一。综合来说，表情动作主要包括面部表情、言语表情、体态表情。

第一，面部表情。

脸部的一系列表情动作称为面部表情。不同的情绪会产生不一样的表情，面部表情能够微妙、精细地反映出一个人内在的情绪变化。然而，大多数人在人际沟通中忽略了这一点。

心理学家伊扎德在研究中将面部分为额眉鼻根区、眼鼻颊区、口唇下巴区。这三个区域的运动形成了不同的面部表情，传递着丰富的情绪。人们开心时会眉飞色舞、眉开眼笑，生气时会怒目而视、咬牙切齿，面部表情精准地传达了我们的情绪变化。

第二，言语表情。

说话的声调、快慢等可以反映内在的情绪反应，这被称为"言语表情"。通常，一个人伤心时说话的声调会比较低沉、无力，速度也会变得缓慢；开心时则声调较高，速度也会加快；生气时则声调尖厉，语速急促。

此外，即便是同一句话，人们在不同的情绪体验下也会有迥异的表达。对一个人的行为表示疑问时，我们常常使用升调，会说"你干吗"；对一个人的行为表示不满时，则用降调说"你干吗"。

第三，体态表情。

人们在说话、办事的时候，不仅有丰富的面部表情，而且还会展示出各种肢体动作，这就是"体态表情"。头、手、脚等部位也是表达情绪的好帮手。比如，自信时挺胸阔步、趾高气扬；慌张时坐立不安、手足无措；欢快时手舞足蹈、捧腹大笑；懊恼时捶胸顿足、痛心疾首等。在话剧、歌剧、舞蹈等演出中，灵活运用体态表情传情达意，是必不可少的专业素养。

表情动作呈现出特定的情绪变化，是我们感知自己、了解他人的帮手。其中，面部表情起主导作用，体态表情、言语表情往往是判断情绪的辅助手段。情商高的人善于察言观色，重视捕捉对方的表情动作，因此说话办事就能事半功倍。

人际沟通就是察言、观色的过程，掌控好自己的情绪，同时捕捉对方的情绪变化，自然容易采取有针对性的举措，实现有效的信息交流与交换。

基于面部表情的情绪识别

交朋友、谈恋爱、做生意……都离不开与人打交道。人际沟通的过程，少不了精准地进行情绪识别，读懂他人的心思。这样一来，我们才能迅速、高效地建立信任关系，实现心中所愿。

情绪识别是人类掌握的一项非常重要的能力，这项技能的缺失，必然会对个人的成长与发展带来一定的消极影响。反之，如果你善于通过面部表情判断一个人的情绪，就可以获得许多有价值的信息，成为局面的掌控者。

一般来说，面部表情是指通过眼睛、眉毛、鼻颊、口唇等部位肌肉变化来表现特定的情绪状态。艺术家往往也会通过对人物面部表情的刻画，透露出相应的情绪信息，从而使观者产生共鸣。达尔文指出，面部表情是人类进化、生存和发展的产物。

杰克和约翰几乎同时到一家公司就职，他们很快成为无话不谈的好友。这一天下班后，两个人约好去喝啤酒。等电梯的时候，他们遇到了公司的几个女孩。出了电梯，大家寒暄之后就挥手告别了。

杰克指着其中一个女孩说："琼斯像个傻大姐，没有一丝女人味，有时候觉得她比男人还要男人，以后谁娶了她，估计要倒霉一辈子。"

听到这里，约翰变得非常不自然，脸上的表情很尴尬。但是，杰克丝毫没有当回事，依旧高谈阔论。直到最后约翰怒目而视，杰克才停下来。约翰淡淡地说了一句："也许我就是那个倒霉的人，我和琼斯正在谈恋爱。"

杰克大吃一惊，急忙安抚约翰："兄弟，我是开玩笑的，你千万别放在心上。"一时间,他手足无措,气氛变得凝重起来。

在人际沟通中,除了表达能力,面部表情绝对传递着更加丰富的信息。如果你无法读懂他人的面部表情,就会错过许多重要信息,甚至与他人产生误解、隔阂。

面部表情具有跨文化的一致性,不同文化背景下的人有着相似的面部表情。研究者曾对美国和日本婴儿的面部表情做了实验,限制婴儿手臂的活动,观察婴儿的愤怒情绪。结果显示,两国儿童均有类似的面部表情。

面部表情丰富多彩,不同表情分别对应着一定的面部肌肉组合。比如,高兴时嘴角上扬、眼睛弯弯,现出环形皱纹;兴奋的时候眉眼朝下、眼睛追踪着看,仔细倾听;愤怒的时候眉毛皱起、眼睛变狭窄、牙关咬紧、面部发红;等等。

随着年龄增长,一个人识别面部表情的能力也会逐渐递增,渐渐地成为情商高、有担当的人。反过来,这样的人也容易搞好人际关系,因为他们更擅长捕捉对方微妙的面部表情,在细微之处发现机会。

读懂脸红背后的玄机

当一个人听到或看到令自己感到兴奋、愤怒的事情时，耳朵和眼睛就会将这些信息传递给大脑；大脑收到这些信息之后做出反应，刺激肾上腺素分泌，从而导致身体的血液流向脸部，让脸变得通红。

通常，脸红与尴尬、心虚、害羞、愤怒或者兴奋等情绪有关，同时它们之间又有细微的差别。如果不知道对方为何脸红，千万不要贸然做出反应，因为这样做往往会引起误解。比如，一个女生面对男生时脸红，并不代表她喜欢这个男生；面试时脸红，也不代表这个人紧张。

心理学家指出，分析一个人脸红的原因一定要根据当时的情况与环境综合考虑。比如，一个人初次来到陌生的环境，或者参加一个比较重要的会议，往往会出现紧张、焦虑、兴奋等情绪。而这些情绪引起人体交感神经兴奋，从而导致当事人心跳加快，血液集中流向脸部，于是大家就看到他脸红了。

当一个人处于尴尬的境地或紧张时，也容易脸红，不过二者有显著的区别。与尴尬不同，紧张导致的脸红往往会伴随其他表情变化，比如冒汗。尴尬也会导致害羞，而害羞引起的脸红会导致脸颊微红。如果尴尬的局面让人愤怒，那么当事人往往会满脸通红，脸部的肌肉也会抖动起来，甚至出现咬牙切齿的动作。

此外，说谎的时候也容易脸红，这是道德机制在起作用。撒谎的人都有心理压力，因为其内心的道德感会发出警示——这样做是错误的。因此，当事人会感觉到羞愧，在这种情绪支配下产生脸红。

日常交往中，如果一个人讲话的时候滔滔不绝，但是突然脸变红，显得很紧张，那么很有可能是他在撒谎。撒谎时的脸红作为一种表情，表达了这个人犯错时的羞愧心理与紧张情绪。

因为撒谎而脸红，一定程度上可以抑制人们踏过自己的心理防线，从而在道德层面实现有效的约束。通常，你可以通过脸红意识到自己撒谎，犯了错误；也可以通过观察他人的脸色变化，判断对方是否在撒谎，从而掌握对方的心理活动。

当然，除了脸红之外，人的脸色还会呈现其他情况。当一个人情绪低落、郁闷时，他的脸色会呈现灰白色；当一个人极其愤怒，或者对他人感觉不满时，往往会脸色发青；如果当事人的脸色在红色、青色之间转换，或者变得发白的时候，那意味着他已经愤怒到了极点，非常可怕。

与人交往的时候，不妨多注意一下对方的脸色变化，这对了解他人的心理活动与情绪变化很有帮助。

学会正确处理他人的情绪

情绪是一件很神奇的东西，有时候不由自己决定，反而被他人影响。经验表明，仅仅处理好自己的情绪还不够，正确应对他人的情绪才能处理好各种关系，应对复杂局面。

"处理他人的情绪"，不是影响和干预对方，而是合理应对他人的情绪反应，不激化彼此的矛盾。尤其是对方表现出强烈的负面情绪时，要帮助其走出情绪沼泽，并免受其害。

比如，朋友或亲人面对情感问题，以及工作上的问题，找你倾诉。这时候，你要帮助他们疏解不良情绪，回归正常的生活。需要警惕的是，你不能被他们的负面情绪感染，陷入自怨自艾的低谷。

一个男孩子被老板炒鱿鱼了，非常伤心。但一切悲伤都是徒劳的，公司裁员，他只能被淘汰。一想到女朋友和自己的未来，他就觉得眼前一片黑暗。

男孩没有勇气回家，不敢面对自己喜欢的人，不知道如何是好。在他心里，不仅仅是无助，更多的是惭愧和内疚。他突然怀疑自己，给不了心爱的人幸福，太无能了。对男人来说，这很让人失去自信。

回到家已经是半夜，女朋友已经在沙发上睡着了，桌子上还放着没有动过的饭菜。

事后，女朋友并没有责备他，没有哭也没有闹。她只是说，当初两个人一起坚持，一起奋斗，才走到了一起；现在，只不过是重新开始而已，不放弃努力才是最重要的。

在女孩子的鼓励和支持下，男孩子走出失落状态，很快找到了新工作，并且实现了自己的诺言。有这样的女孩子在身边，真是一种莫大的幸福。

不良情绪的传染是在潜移默化中进行的。人们总是在不知不觉中让本来愉悦的心情蒙上阴影，即使你对坏情绪有很强的"免疫力"，也不能保证长期免受其害。所以，为了避免被他人不良情绪左右，应尽量远离情绪消极的人。

此外，你要成为一个有主见的人，不要轻易被对方的不良情绪击倒。没有主见的人最容易受他人情绪的感染，最容易被拉入消极的深渊。因此，置身他人的不良情绪中，要做到有主见，专注于内心的体验，主动抗击外界干扰。

如果你长期被不良情绪包围，得不到解脱，恰恰你又是没有主见的人，那么请转移注意力，寻找坏情绪的可爱之处。

诚恳地体验消极情绪

消极情绪让人压抑、失落、烦闷，为生活蒙上了一层阴影，许多人对它敬而远之。但是，任何事情都有好、坏两个方面，消极情绪也有其独特的价值。

比如，表达愤怒有益于身体健康。罗杰·培根说，"怒火的爆发可以延缓衰老的过程，因为它会让身体变暖，抵消老年的冷却效果。"心理学家认为，愤怒能带来生命的热情和青春的光辉，有时候是必需的。

还有的人终日无所事事，生活无聊透顶，这种彷徨恰恰是改变自我的机会。因为，当一个人感到不满、无趣的时候，才会寻找另一种生活方式，步入人生的下一场。对此，美国人类学家拉尔夫·林顿说："人类感觉到无聊的能力——而非社会或自然需求——才是文化进步的根源。"

不要因为哭泣而认为自己是一个懦弱的人，没有人永远足够坚强；也不要因为抱怨而后悔不迭，那其实是一种倾诉方式……每一种情感都值得认真体会、感悟，学会诚恳地体验消极情绪能让你的内心更饱满。

汤姆成为一名保险推销员已经3个月了，业绩是新晋员工中最差的。工作中，客户经常冲他发火，部门经理也多次批评他能力欠佳。为此，汤姆更加努力地工作，但是结果仍然不理想。

后来，汤姆专门去请教一个资深的老员工强尼，希望能够改变自身的境遇。强尼没有给出任何建议，而是让汤姆帮忙去买一杯咖啡。

咖啡买来了，强尼看了一眼，立刻泼到地上，说："我喝的不是这家的咖啡。"没办法，汤姆又去另一家店买咖啡，但是这次强尼才喝了一口，就说："我不喜欢咖啡加太多糖。"随后，又把咖啡泼到地上。

反复多次，强尼故意难为汤姆。最后，汤姆发火了，忍无可忍喊道："你不愿意帮忙别勉强，何必这么折腾人呢？"

忽然，强尼大笑起来，然后说："不可否认，我在故意激怒你。只有你体会到了愤怒，才能明白如何平息别人的怒气。多体验一下这种糟糕的情绪，对你很有帮助。"

汤姆顿时醒悟了，自己以前从来不知道如何面对发火的客户。现在，他体验到了这种感觉，以后就能避免惹人发怒，也知道了如何处理别人的坏情绪。

情绪无所谓好与坏，不同层次的心理变化都是特定的信号，是对外界信息的一种感应与反馈。通常，正面情绪传递的信号是，"我得到了期望的意义与结果"；而负面情绪传递的信号是，"原来的做法行不通，需要变一下"。

几十年前，美国就做过一项研究，结果表明：长期保持乐观的老人反而容易有残疾或猝死的风险，而不定期释放消极、悲观情绪的老人更健康，也更长寿。由此看来，让消极情绪释放出来，对人体健康有积极的帮助作用。

体验消极情绪是面对创伤、认清现实、净化心灵的过程，能意外地帮你面对自我，并在内心激起强烈且令人无法漠视的反省，不再沿用习惯性的心理准则。可以说，从消极情绪中汲取智慧，是心灵成长的过程，有助于我们不断地发现更深层次的生活经验。

第一，充分认识到消极情绪的独特价值。

不论是积极情绪，还是消极情绪，都有其独特的价值。感受过消极情绪的人，更有可能通过痛苦、消沉等情绪障碍获得重生，这是一种"化茧成蝶"的过程。过分排斥消极情绪，甚至把它当作一种罪恶，万万不可取。

第二，消极情绪也是生活的一部分。

喜、怒、哀、乐构成了绚烂多彩的人生，它们是生活不可分割的一部分。考上大学、升职加薪固然令人欣喜，然而十年寒窗苦读的煎熬、在工作中频繁受挫，何尝不是磨砺心智、增长智识的好机会呢？

第三，面对消极情绪，别沉沦下去。

情绪低落、消极不要紧，诚恳地体验、感受它们，然后想办法来应对，更容易找到摆脱困境的有效方法。陷入迷茫、失落、挫折的时候，最怕自暴自弃，唯有越挫越勇才能逆势突围，只有经历风雨之后才能看见彩虹。

第04章　情绪评价：
持续地相信并基于直觉行事

不要因为哭泣而认为自己是一个懦弱的人，没有人永远足够坚强；也不要因为抱怨而后悔不迭，那其实是一种倾诉方式……每一种情感都值得认真体会、感悟，学会诚恳地体验负面情绪能让你的内心更饱满。

情商高的人之所以令人敬仰，是因为他们认清生活的真相之后，依然热爱生活。善于发挥积极情绪的力量，也重视消极情绪的独特价值，我们才能与自己和解，实现心灵的成长。

为什么有时候直觉更可靠

首次面对一个人,从外貌、行为举止就可以判断出这个人的脾气秉性。面露凶光的人,生活中绝对不可能是个善人;对父母大喊大叫的人,你也不要指望他对别人礼貌相待;满嘴谎话的人,不可能对他人实话实说。显然,直觉更可靠。

人的直觉虽然有些主观,但是往往非常可靠。对自己或他人的情绪做出评价的时候,不妨听从直觉的召唤,做出精准的判断。

精准的直觉往往生活在被积极情绪等肥沃土壤浇灌的土地之上,它是被呵护、珍视的,源于一颗爱自己、尊重自己并听从真实意愿行动的心。如果在生活中一味地压抑自我,势必会让消极情绪毁了你。

保持积极、健康的心态,通过一系列努力培养出灵敏的直觉,就容易做出恰当、有益的决定,感受到人生的愉悦和舒心。那么,如何提高直觉能力呢?

第一,在自己擅长的领域锻炼直觉。

如果你在某一领域积累了丰富的工作经验,具备专业的职业素养,那么这种专长会极大地提升直觉的精准性。除了一些罕见的天才,大多数人在陌生的领域很难产生良好的直觉,所以千万不要贸然尝试在不熟悉的领域凭直觉进行决策。

第二,永远听从内心的声音。

加入苹果之前,苹果 CEO 蒂姆·库克已经跻身康柏公司的高层。是否跳槽到苹果公司,身边所有人都持否定态度。最后,他决定听从自己内心的声音,加入苹果打造另一片商业王国。事实证明,他成功了。

面对重要决定，做出决策是困难的，这时候那些复杂的逻辑分析往往显得软弱无力，而最终发挥关键作用的是不被重视的非理性"直觉"。显然，听从内心的声音，往往会带来意想不到的结果。

第三，进行一定强度的直觉练习。

很难做出正确决策的时候，尤其需要培养和锻炼直觉能力。为此，我们需要迅速找出问题的根源，并抓住核心利益点，拿出最恰当的解决方案。坚持不断练习，久而久之，就能慢慢具备依据直觉行事的能力了。

第四，警惕摇摆不定带来的危害。

面对一件不确定性很大的事情，我们会陷入迷茫，对未来感觉无所适从。这时候，许多因素处于一种不稳定的状态下，如果需要进行决策，应该暂时放弃直觉思维，运用更加有力的数据进行分析，最后做出科学决策。

道德情绪让你成为一个理性人

我们评价自己或他人的思想、行为时，常常有一套固定的道德标准，由此对评价结果产生特定的情绪体验。比如，你对虐待动物的人极其反感，因此看到对动物不友好的行为立刻横眉冷对，这种愤怒的感觉就是道德情绪。

具体来说，道德情绪分为正性道德情绪、负性道德情绪。前者是个体遵守社会规范，满足有益于他人的需要时产生的情绪；后者是个体违反社会规范，使他人的利益受损时产生的情绪。

通常，9个月的时候，婴儿已经具备全部的基本情绪；3岁左右，道德情绪开始萌芽。3岁之前，儿童具备了初步的内疚情绪，随着年龄增长对内疚的理解和表达也日臻成熟。3岁末，开始表现出自豪情绪，但是到了4岁，才能有效区分自豪与其他基本情绪。直到6岁至7岁，儿童才能将道德情绪与相应的行为联系起来。

随着个体不断成长，一个人的道德情绪逐渐形成、发展，逐渐成熟。在这个过程中，我们的道德观念慢慢确立，对自己、对他人形成正确的认知和评价，最终成为情绪稳定的成年人。

道德是个体价值观的重要标准之一，道德情绪在道德准则与道德行为之间起着调节支配的作用。对任何行业的人来说，遵守职业道德都是最基本的要求；一旦当事人做出违背底线的事，都会在不同程度上受到良心的谴责，并进一步纠正自己的行为。这就是道德情绪在发挥作用。

关于道德情绪，在日常生活中最常见的是以下四种情形：

第一，感激。

得到他人帮助，或者被救助，当事人会感受到温暖，甚至被感动，由此产生积极的情绪体验。通常，懂得感恩的人更容易对外心生感激。

第二，厌恶。

看到他人候车不排队，或者买票的时候乱插队，你会对这些对他者违反社会规范的行为产生反感和厌恶。

第三，自豪。

当我们做出了超越一定道德规范的行为后，内心会获得强烈的荣誉感和自豪感。在这种积极情绪的引导下，当事人可能会有更卓越的表现。

第四，内疚。

心生内疚的人往往对外有亏欠，他们或者伤害到他人，或者造成了对外不利的局面，出于强烈的责任感而心生悔恨。有这种道德情绪的人大多内心善良，品性纯真。

生活中，道德情绪在认知与行为之间起着调节作用，使个体在特定的情境下合理表达情绪，具备理性行为能力。此外，我们还能根据自己或他人的情绪来反观、纠正自己的行为，成为高情商的人。

群际情绪左右心理认同

当个体认同某一社会群体，群体成为自我心理的一部分时，个体对内群和外群会形成特定的情绪体验。也就是说，群际情绪可以影响、调节个体以及群体的行为。

如果你是一个追星族，加入了某位明星的粉丝圈，会和大家一起关注偶像的一切，共同为这个明星的成长加油助力。听到崇拜的明星被误解，整个粉丝群会沸腾、愤怒，共同的情绪驱使你们做出一致的行动。这就是群际情绪的巨大力量。

一则"寻找儿童"的启事出现在互联网上，上面有姓名、照片、丢失时间，让人确信无疑。寻人启事看上去十万火急，为此众多人点击，然后不停地转发，以便让更多人知道。举手之劳就能做好事，相信没有人会拒绝。

然而，这边热火朝天地寻找丢失儿童，突然互联网上又有一则信息说寻人启事的消息是假的。细细查看，也是说得有理有据。

最后，众多围观者也不知道该如何是好了，丈二和尚摸不着头脑。许多网友感觉自己简直就像一只猴子，一天之内被人耍得团团转。

人是群居性的动物，受到年龄、职业、地域等因素影响，会形成各种特定社群或小圈子。大家接收同样的信息，形成近似的价值观，最终在心理认同、情绪体验上也会具有共同的感悟。因此，当你对外界的人和事做出评价的时候，自然会受到群际情绪的影响。

不同于个体情绪，群际情绪更为稳定、客观。有些事情不是发生在自己身上，但是在群体认同的驱使下，你也会产生兴奋、喜悦或愤怒等情绪。

当然，群际情绪的高低取决于群体认同水平。在同一个群体中，群体认同程度较高的个体，其群际情绪会较为热烈和浓厚，也更为忠实，不会轻易脱离群体；而那些群体认同程度较低的个体，则会比较容易脱离群体。

群际情绪能够调节群体内成员的行为和态度，激发他们的情绪，提升对群体的认同水平，逐渐使个体失去一定的独立性。所以身处一个群体之中时，要警惕、小心群际情绪对你的摆布与控制，时刻提醒自己，做自己情绪的主人。

任何时候，一个人都应该学会独立思考，避免人云亦云，掉入从众的陷阱里。因为每个人都是独立的，应该有独立的思想。许多时候，外界的信息和价值观带给我们的应该是一种信息或知识的补充，而不是煽动个体情绪的导火线。

文化差异导致情绪评价不同

　　国家、民族或地域不同，形成的文化习俗的风格也不同，进而影响到人们的情绪体验与评价。这提醒我们，在人际交往中感知他人情绪，必须注意不同文化背景的差异。

　　比如，作为一种令人发笑的语言艺术，幽默在中西方文化里都广受欢迎。然而，幽默语言的使用和理解与本国文化密不可分，导致情绪体验也有差异。作为人类审美追求的反映，以及对现实生活的映射，幽默因国家不同而折射出本民族独特的风土人情和文化理念。

　　中国人推崇儒家文化，"仁""礼"的思想深深植根于国人的思维中，因而在表达幽默的时候显得更为含蓄，并且侧重于社会教育功能。此外，中国式幽默有着沉重的历史使命感，多用来讽刺社会中的不良现象。

　　西方人受古希腊文明影响，幽默文化底蕴深厚。与中国人相比，西方人更加开放，强调人人平等，他们可以在任何场合、对任何人用幽默的方式对话。这与中国人重视礼教、强调尊卑有序有很大差别，因此西方人在幽默表达上更洒脱自如。

　　杰克受邀参加祖父的生日聚会，与祖父见面后不禁叹息道："祖父，我感到很抱歉。不知道明年能否参加你的生日派对。"听到这里，祖父微笑着回答："为什么不能呢？你现在看起来很健康啊！"

　　祖孙两代人一番幽默调侃，在中国人看来是无法理解的，因为后者反对"出言不逊"。由此不难看出中西方幽默文化的差异，以及情绪评价的不同。

各国对基本情绪的划分、感受和体会存在着明显差异。比如，中国的基本情绪是喜欢、兴奋、惊讶、痛苦、恐惧、害羞、愤怒、厌恶；在印度则是高兴、悲哀、愤怒、性激情、活力、英勇、厌恶、惊愕。

心理学家认为，一个人能否体会到某种情绪，取决于他们的语言中是否有描述这种情绪的词汇。虽然基本情绪具有先天遗传性，但是关于它们具体的表达则受到文化的制约，比如宗教信仰、礼仪规范、生活习俗等。聪明人懂得换位思考，在求同存异中感知他人的情绪，制定有效的行动策略。

男人和女人的情绪差别

研究表明,看到一个人处于悲痛中,男人几乎没有什么情绪反应,而女人却表达出强烈的关心,其感同身受能力很强。显然,女人总是偏向于感性,而男人倾向于理性。

男人和女人的情绪差别很大,体现在各个方面。以愤怒为例,男人会因为公认的原则被破坏,平衡的力量被打破而生气,而女人容易在私人领域、较为亲密的关系中表达激愤之情。

因为性别角色不同,人们对相同的事物会产生不同的情绪反应。这提醒我们,与异性相处时,必须掌握其心理特征。

安娜最近很伤心,因为她觉得男朋友不能充分理解自己。她平时在公司里承受着极大压力,工作上也不顺利,回到公寓得到不应有的关心,二人甚至因为一些小事吵架,这样的日子太难熬了。

有时候,安娜控制不住自己的情绪,只能挥舞手臂,乱哭乱叫,不停地用富有感情的形容词描述内心的感受。显然,她需要被照顾、被关心,需要有人倾听她的心声。但是,男朋友只知贸然打断安娜,提出自己的建议,而不会认真安抚。

对女人来说,情绪化表现是一种特定的交流方式。许多时候,女人可以很快忘记最初的表现及感受,但是男人却试图帮助女人找到解决办法,并且认为自己有这个责任。如果面对女人闹情绪无能为力,男人会认为自己很失败。

男人遇到问题或困难时，一般选择迎难而上。因为积极应对，他们往往能够找到解决问题的方法，所以比女人有更强的解决问题的能力，看起来也更有创造性、冒险性。粗犷、豪放都是处世过程中必不可少的，这些品质在男人身上得到了生动体现。

而女人面对压力更能忍受，会主动选择以和为贵。通常，她们不愿意采取恰当的行动改善局面，由此很难找到解决问题的相应方法。所以，女性比男性更能承受压力。如此一来，柔顺、圆融、细腻、周全成了女人的特质。

由于女人比较感性，遇事容易情绪化，所以面对复杂的局面，她们容易变得消极、被动，总是把情况想象得很糟。显然，女人容易陷入自己虚构的世界中，对现在、未来和过去进行多次否定，甚至陷入情绪失控。

在心理与情绪方面，男人和女人有很大的不同，这主要是与生俱来的，并与社会角色分配有很大关系。当然，受到后天环境的影响，女人也有某些男性的情绪心理，男人也会有一些女性的情绪特点，并没有严格的界限。

情绪是一个很难让人捉摸的东西，男人与女人最大的不同体现在情绪处理方法上。理解了这一点，就能掌握与异性相处的技巧，在关键时刻说对话、做对事。

"喜怒哀乐"才是生活的真相

生活充满了欢乐，也会令人悲伤。显然，它并非由你完全掌控。面对失意、痛苦、烦闷，我们不能任由糟糕的心情持续下去，学习理解一切并接受眼前的现实，更容易走出人生的困厄。

戴尔·卡耐基说："人的思维不可能结出与它相反的果实。若你的思维专注于贫穷或失败，它便会带来贫穷或失败。"生活呈现出完全不同的多面，带给我们喜怒哀乐等迥异的感受，如果沉溺于痛苦的回忆、不公的遭遇，必然丧失正常的心智，也让生活偏离了应有的样子。

比如，遭遇令人愤怒的事情，面对巨大的痛苦，人们习惯选择躲藏，缺乏直接面对的勇气。事实上，如果你能够坦然面对一切痛苦、忧愁，就能与之和谐相处，并找到妥善处置的方法和策略。否则，你会陷入幽暗的深渊，找不到出路。

帕克生活在美国的加利福尼亚州，是一名积极乐观的高中历史老师。他和妻子结婚5年了，两人在同一所学校任职。平日里，帕克像阳光大男孩一样，总是笑嘻嘻的，能够与人和睦相处。并且，他与妻子的感情也一直很好。然而，一切都在那天下午改变了。

当时，帕克兴高采烈地回到家，手里拿着一束鲜花，准备给妻子一个惊喜。然而，他万万没想到，妻子正在与人偷情。帕克愤怒地与那名男子扭打在一起，妻子吓得大喊大叫。

一怒之下，帕克毅然与妻子离婚。随后，他开始变得痛苦不堪。他不明白自己做错了什么，也想不通妻子为什么背叛自己。无疑，他很爱妻子，于是开始迁怒那个男人。

帕克纠结于生活的不公、人性的欺骗，陷入了颓废之中。显然，药物也无法根治他内心的痛苦。后来，他开始把这种痛苦的情绪展现在家人面前。

生活中，帕克变得桀骜不驯，对家人颐指气使。他开始讨厌父亲，认为他自私自利，根本不爱自己。看到身边的人，帕克感觉每个人都是戴着面具的小丑，内心藏着不可告人的秘密。

慢慢地，帕克变得更加易怒，暴力行为也越来越多。由于始终无法正视已经发生的现实，他只能活在痛苦的角落里，被悲伤包围，整天战战兢兢。

喜怒哀乐构成了人生的常态，每种滋味都暗含深意。情商高的人懂得包容那些痛苦的记忆、不堪的过往，把它们当作生活的一部分，时刻保持一颗淡定之心。

刚买了新车，结果被剐蹭；努力工作多年，突然被炒鱿鱼……当敏感的神经一次次被刺痛，整个人立刻不淡定了，甚至失去应有的理智，说话办事频频出错。

如何才能与负面情绪相处？人们为此花费了太多时间和精力，却很少有人能走出痛苦的人生。

心理学家提醒人们，在负面情绪还未形成之前，务必要努力化解那些坏心情。比如，心情不佳的时候一定要懂得调剂，有些事不方便说出来就做运动、听音乐、逛街、吃饭。总之，对不良情绪不能听之任之，这样才能免受其害。

而当负面情绪已经形成，也不要害怕。勇敢正视它，接纳它，就能有效消除内心的焦虑、担忧和伤感。你可以去看医生，寻求心理治疗；也可以采用移情方式，进行自我治疗。

在苦闷、痛苦中沉沦和抱怨，没有任何意义，因为已经发生的事自然有其存在的道理。在负面情绪中，你可以感受到更加真实的生活，可以看清这个世界的真面目，也可以激发自己更大的潜能。

世界上只有一种真正的英雄主义，那就是认清生活真相后，依旧热爱生活。喜怒哀乐才是人生，不管遭受了什么打击与磨难，都能坦然接受已经发生的事实，自然会找到人生的出口。如此，你才能有苦中回甘的体验，了解并掌握幸福的真谛。

第二辑 情绪控制
找到大脑中理智与情感的平衡点

莎士比亚说:"人类能够为尚未发生的事情做好准备,是因为人类有自我控制这一美德。"世界上本没有那么多是非对错,有错的仅仅是我们的冲动和情绪而已。高效能人士善于征服自己的一切弱点,这是他们优秀的原因。

如果连自己的情绪都控制不了,即便给你整个世界,你也早晚会毁掉一切。努力掌控情绪,成为一个成熟稳重的人,待人接物保持良好的心境,做事就会思路开阔、反应敏捷、行动高效。

第05章 挫败与无力感：
情绪失控就在你我身边

一切美德和成功都来源于自我控制。遇事缺乏坚忍、执着精神，遭受一点儿挫折就歇斯底里，必然会失去逆势突围的机会，最终随波逐流，成为命运的奴仆。永远全力以赴，你的努力终将成就无可替代的自己。

我们如何战胜挫败感

虽然人们对未来充满美好的想象，然而倒霉的事情总是不期而遇。当年，美国前总统老布什在竞选失败以后也艰难度过了两个月的失落期，可见人生的挫败感司空见惯。

没有人喜欢失败、挫折，它会带来消极情绪，令人郁郁寡欢。然而，懂得控制情绪的人不会任由自己沉沦下去，他们在关键时刻能积极改变自我，让生活重新步入正轨。

日本著名钢琴家小泽征尔拥有一流的钢琴演奏技巧，令世人叹为观止。天有不测风云，他在一次意外中不幸摔伤了手指，严重影响到十指的灵敏性。

小泽征尔发现自己再也不能像以前那样弹出动人的曲子了，甚至远不及一些晚辈，这令他很沮丧。人们担心这个演奏家从此一蹶不振，可是小泽征尔凭借优异的音乐天赋和深厚的音乐素养改学指挥，以寻找新的人生方向。

很快，小泽征尔一举成名，成为闻名世界的指挥家。他再一次取得了傲人的成就，也向世人证明了遭遇挫败并不可怕，重要的是你要有一颗勇敢的心，敢于走出人生的沼泽。

有时候，人生就像一场没有计划的旅行，你永远不知道下一步会走到哪个路口。遇到磨难、困苦，以至命运的"捉弄"，那种无力感让人绝望。愤怒无济于事，懂得随遇而安，相信一切都是最好的安排，心情就会快乐一些。

在成长的过程中,你终究会明白,挫折也是生活的一部分,不如意的事情总是悄然降临,我们必须学会勇敢面对。

第一,善待自己,增强心理韧性。

遭受挫折和打击以后,你要善待自己,学会自我安抚,别让坏心情持续下去。虽然此时你渴望同情,但是别奢求他人安慰和拯救你,能否走出人生低谷,完全取决于自己。这时候,我们应该增强自己的心理抗争力,正视眼前的挫折与困境。

第二,提高逆商指数,永不低头。

克服挫败感的根本途径,就是建立起强大的逆商(人们在面对逆境和挫折时控制情绪、适应环境的能力)长城。心理学家过去十多年进行的1500多项关于逆商的研究表明,逆商高的人手术之后更容易康复,并且在工作和生活中也很出色。

第三,如果无路可走,请学会转弯。

人们所处的环境每时每刻都在变化,虽然暂时遭遇挫折,但是这种情况不是一成不变的。如果沉溺于悲伤之中无法自拔,而不去思考求变,那才是最大的损失。走出挫折和失败的唯一方法是学会改变,掉转方向就容易找到出口。

第四,再苦再难也要笑一笑。

"在这个光怪陆离的人间,没有谁可以将日子过得行云流水。但我始终相信,走过平湖烟雨,岁月山河,那些历尽劫数、尝遍百味的人,会更加生动而干净。"面对人生的种种不如意,用幽默来笑对苦难、笑对烦恼,你就能成为内心强大的人,成为自己命运的主人。

为什么在飞机上容易情绪失控

作为大脑边缘系统产生的一种体验，情绪比大脑的"逻辑思维中心"的反应速度快好几万倍。通常，这种强烈的感情来势汹汹，一般人很难控制。

生活中，我们会焦虑、生气、郁闷，甚至因为失控而怒吼。而在人群多的地方，或者在密闭的空间里，人们更容易产生挫败感和无力感。特别是在飞机上，经常会让人濒临崩溃。

"尊敬的乘客，由于天气原因，本次航班需要在空中停留一个小时，感谢您的谅解。"听到广播的时候，你是否情绪激动，甚至气急败坏呢？此时，你可能准备好参加公司会议，处理特别棘手的事情，但是一切都泡汤了。

没人喜欢飞机延迟，因为在较长时间的等待中，人们通常会失去耐心，感觉等待是一种折磨，是一种痛苦。此时，人容易情绪焦躁起来，甚至会做一些出格的事情。

此外，有过乘机经验的人都知道，不舒适的座椅间隔、糟糕的食物以及服务懈怠都会令人在高空飞行中情绪不佳。

临床心理学家研究发现："几乎没有什么事情比坐飞机更令人失控：经允许后才能站立，经常处于黑暗中。当我们感到情绪失控时，生气和挫败占主导地位，人会变得暴躁易怒。"这种失控感影响了大脑，不仅让人急躁，还导致了一些不理性的无礼行为。

最令人头疼的是，飞机上的焦虑还会传染。例如，当一个乘客抱怨食物劣质，其他乘客也会审视一下自己的盘子，然后一起抱怨，甚至对乘务人员大吼大叫。

成立于2013年1月的"Passenger Shaming（乘客耻辱）"网站，列出了一系列飞行途中的"不雅行为"，其中一些匿名上传的照片令人震惊。有的乘客把脚放在别人的头附近，有的人在餐桌上堆放垃圾；有的父母在餐桌上给孩子换尿片。

陷入焦躁状态的人，不能承受一点儿刺激，否则就会歇斯底里。通常，他们内心压力很大，精神焦灼，遇事不愿妥协，即便自己没有道理，也要表现出强硬的姿态。

为了缓解乘客的焦虑、挫败情绪，一些美国航空公司甚至允许乘客携带宠物登机。2016年，美国女子麦耿·皮博迪携带宠物猪一同乘坐飞机，以缓解飞行时的焦虑不安。

在机场等候航班时，宠物猪帮助皮博迪度过了一段轻松的时光，而且吸引了周围乘客的目光。到了乘机时刻，宠物猪能放松地吃蔬菜和麦圈，这个可爱的小家伙给皮博迪带来了快乐。

从根本上说，人们在乘坐飞机的过程中要经过漫长的候机、登机、乘机过程，并且高空飞行也会给人带来安全感方面的压力，因此乘客很容易陷入焦虑、失控。

一个能控制住自己心中猛兽的人，比一个能拿下一座城的人更强大。为了有效消除乘坐飞机带来的情绪紧张，我们可以准备好一本书，或者戴上耳机听音乐，轻松度过这段熬人的时光。

别因为心情差就迁怒于人

你知道心理学上著名的"踢猫效应"吗？

老板因为一件小事大骂员工，员工回到家气冲冲地和妻子吵了一架。妻子非常生气，正好儿子放学回家晚了，就大发牢骚。儿子憋了一肚子气，狠狠地踢了家里的小花猫。猫冲到街上，正好一辆车飞驰而过，司机为了避开猫，急忙打方向盘，结果撞了路边的一个小孩，而那个孩子正是老板的儿子。

由此可见，情绪是会互相传染的，无论是发怒的人，还是在场或不在场的其他人，都会付出不同程度的代价。

每个人都有心情糟糕的时候，为了发泄心中的郁闷和挫败感而口无遮拦，结果伤害了身边的人。情绪差的时候口不择言，最容易恶化关系。你虽然心里舒服了，但是无辜中枪的人并不痛快，他们或许忍耐下来，但是这也为你们的关系埋下了一颗地雷。

近年来，越来越多的科学家和心理学家开始将情绪视为一种能量，风靡美国的情绪能量心理疗法便是建立在这个基础之上的。作为一种能量，情绪也遵循物理学上的能量守恒定律。一旦产生，就不会消失。显然，当你大声咆哮的时候，已经把这种负面能量传递给了身边的人。

在日本，许多大公司的老板会照着自己的外貌制作形象逼真的假人，并把它们放置在专门的"出气室"里。那些心中有怒火的工人或职员，可以到出气室内对着"老板"拳脚相加，大声怒骂，以便发泄心中的怨气。

心理平衡了，工作效率自然就会提高。

这种调控坏情绪的方式确实值得称赞。聪明的老板懂得把握员工的心理，并注意让大家的不良情绪找到出口。通常，员工保持良好的情绪，工作业绩和效率才能提高。

在没有搞清楚状况之前无故迁怒他人，随心所欲地将怒火发泄到无辜人的身上，这显然不可取。情商高的人不做情绪的奴隶，他们能够控制好自己的坏脾气，不让情绪失控。

生活中会遇到很多烦心事，很少有人真正感受到一帆风顺，多数情况会遇到种种不如意。不同的地方在于，有的人让烦恼戛然而止，寻求摆脱困境的方法；有的人沉浸在错误中，因为陷入痛苦情绪而无法自拔。

如果你想与他人发展友谊，如果你想有更大作为，万万不可放纵自己的情绪。真正有本事的人能够管好心情，而后办好事情。

你会无限放大自己的情绪吗

在我们身边，有的人敏感、多疑，常常因为一点儿摩擦就感觉世界离自己远去。他们抱怨外界不公，却没有反思过自己，其实他们的痛苦来自将不良情绪无限放大。

许多人有过这种感觉，闲下来的时候会胡思乱想，越想越觉得心烦意乱，然后对过去的人和事耿耿于怀。他们无法控制住情绪，过分地杞人忧天，惶惶不可终日。

每个人的心里都住着一个天使，也会存在一个恶魔，到底谁在控制你的心智呢？受了委屈，或者被人误解，感觉怒不可遏。在外人眼里，他们是小题大做的人，唯恐天下不乱。放大自己的不良情绪，乱了心神，必然让人生失控。

做人要有正能量，努力尝试积极思考，别让坏情绪扰乱了心智。如果遇事就无理取闹，为了鸡毛蒜皮的小事斤斤计较，很难有大的作为。而且，放大不良情绪会让你情绪低落，无法找到阳光灿烂的彼岸。

芬妮有严重的公主病，稍不如意便张口抱怨。当一个脾气大的姑娘遇上一个固执的男友时，难免会有许多摩擦。

有一次，芬妮与男友文森闹了点儿矛盾，俩人谁也不肯认错，都觉得自己有理。看到男友丝毫没有低头认错的样子，芬妮暴跳如雷："今天终于看清你的真面目了，你什么都不用说了，咱们分手吧！"

文森看到女友强词夺理，终于忍无可忍："好啊，你终于说出心里话了。不要拿分手吓唬我，你千万别后悔……"

说罢，两个人各奔东西，渐行渐远。为了无足轻重的小事闹得不欢而散，结果一段感情画上了句号。当甜蜜的恋爱不足以缓解心中的不悦时，缘分也就到了尽头。

与他人发生矛盾和误解不可避免，最重要的是关键时刻必须控制情绪，学会理性面对尴尬局面。尝试着给对方留有一点儿余地，绝不放大不良情绪，就能让事情获得转机。

糟糕的人生对应着糟糕的情绪，为了一点儿小事闹得不可开交，到头来吃亏的还是自己。那些幸福的人心态平和，始终淡定地面对人生的一切拷问，即便遭遇痛苦、焦虑和悲伤，也能把它们局限在狭小的空间内，避免人生失控。

克制不了自己的情绪，便容易被心中的恶魔钻空子，滋养出更多的坏情绪。被情绪控制的人是弱小的，是命运的奴隶。遇事小题大做，甚至陷入情绪失控的境地，显示了他们在生活中的无能为力。

记住阳光总是灿烂的，不要随意放大自己的坏情绪，因为生活本没有那么糟糕。主动调节情绪，正确地表达情绪，就容易减轻心理伤害，而不是任其发展，最终伤害自己。

在疯狂的世界保持理智

人是感性的，会喜悦，会悲伤，会忧愁，会愤怒。不过强烈的情感会使人看不清楚眼前的局势，甚至受到欺骗。就像懦夫时常受到恐惧的摆布一样，情侣也会时常受到爱情的迷惑。

在潜意识下，人通常对事物做出一种最浅显、最直观、最不用脑的情感反应。情感往往只会驱使人只维护情感主体的自尊和利益，不会引导人向全面客观的方向考虑。

生活不会一帆风顺，沿途有迷人的风景，温暖的阳光，也必然会有拦路的荆棘，狂风骤雨的坏天气。显然，无法保持理性的人注定会消失在暴风雨中。

2000多年前，希腊哲人苏格拉底曾经说过，有理智的教育和培养能带来益处，而失去理智将带来危害。一个理智的人，面对任何突发事件都可以保持冷静，不容易一触即跳或者走极端，让情绪遮蔽自己的双眼。

汤姆和亚当斯是同一个镇子上的邻居。一天，两个人因为一件小事争吵起来，引来好多人前来劝解。亚当斯回到家里后依然觉得不甘心，最后决定去找教堂里的神父给自己评理，并且让汤姆给自己道歉。

来到神父家里，亚当斯怒气冲冲地抱怨。可是刚刚说了两句，神父便打断了正在气头上的亚当斯："对不起，我今天正好有事，你先回去吧，有事明天再过来。"

第二天，亚当斯又提早来到神父家里，但是这次他的脸色已经不像昨天那么难看了，看上去也没有昨天那么愤怒了。亚当斯再一次开始抱怨的时候，神父心平气和地说："你的怒气还没有消退，等内心平静以后再说吧。"

亚当斯又失望地回家了，不过在回家的路上他不再想自己和汤姆之间的事情了，开始考虑神父为什么两次都不愿意给自己评理。

之后亚当斯再也没有找过神父。有一天，神父在路上碰见了亚当斯，于是问道："你最近怎么没来，现在还需要我给你们评理吗？"亚当斯不好意思地说："我已经不生气了，现在想一想当初真不该失去理智。我也主动找了汤姆，向他道了歉，汤姆也不好意思地向我承认了他的错误。"

冲动是魔鬼。本来就是一点鸡毛蒜皮的小事，如果冷静下来仔细想想根本不必在意，可是亚当斯和汤姆两人太受情绪的影响，一时间被愤怒冲昏了头脑，所以才争吵到面红耳赤。愤怒引起的冲动使得两人变得不理智。小不忍则乱大谋，说明了失去理智有百害而无一利。理智地对待一切事物才是大智慧的表现。可是，在强烈的情感面前保持理智又是谈何容易。

情感这些内在的"真相障碍"无疑会干扰我们对事物的客观认识，影响我们看清事实真相。当这些强烈情感渗透到意识中，如果不加留意，我们就会成为乱发脾气的野蛮人，让局面失去控制。

世界是疯狂的，我们需要在疯狂中保持一份安宁。不管你正值壮年，抑或是慢慢变老，理性面对一切挑战才容易找到解决问题的良策。脾气大的人往往没本事，无法妥善处理纷乱的人和事，因此在关键时刻显得苍白无力。

第一，待人接物避免情绪化。

不可否认，人是情绪化的动物，涉及情感、利益等问题容易丧失理智，做出错误的决定。高效能人士坚持理性思考的原则，待人接物避免情绪化，这样做能最大限度地规避时间、精力的损耗，保证了做事高效、有序。

第二，做重要决策时保持慎重。

做出重要决定的时候，一定要保证全面思考，洞悉事物未来的发展趋势，避免头脑发热，给自己带来重大损失。对成年人来说，要学会对自己负责，任何时候都别失去理性思考的能力。

第三，保守也是一种智慧。

这个世界很复杂，人心也很难捉摸，面对各种诱惑，许多人丧失了耐心，结果把人生搞得一团糟。一个人变得越来越优秀，离不开持续努力学习，这是人生精进的基础。选择最笨的方法获取成功，看似保守，恰恰也是一种成长的智慧。

做一个情绪稳定的成年人

"菩提本无树,明镜亦非台,本来无一物,何处惹尘埃。"佛用这句话倡导人心不应受外物的干扰。事实上,达到这种境界并不容易。

生活中,随时都要与外界打交道,他人的一言一行会直接影响我们的情绪。有时候,坏情绪像瘟疫一样蔓延。"太不讲道理了,真受不了这种人","他怎么可以这样对我,气死我了",这样的情形很常见,这样的场景一定在你身上发生过。

人性是复杂的,利益是多样的,说话办事常常出现各种纰漏,经历曲折、不幸,遭遇哀愁。不懂得控制情绪的人,只能陷入痛苦、被动的局面;而成熟的人能够跨出消极情绪的旋涡,不让局面失控,活出真实而幸福快乐的自我。

成熟的人不一定是生活的幸运儿,他们可能遭遇更多的不幸,犯下更多的错误,但是他们善于控制个人情绪,所以比常人具有更强的自律性和执行力。也就是说,他们能掌控自己的情绪和人生,在理性的世界里开疆扩土。

当杰勒米·泰勒丧失了一切的时候——房屋遭人侵占,家人没有栖身之地,庄园被没收,他这样写道:

"我落到了财产征收员的手中,他们毫不客气地剥夺了一切,让我一无所有。现在,还剩下什么呢?让我仔细想想……他们留给了我可爱的太阳和月亮,温良贤淑的妻子仍在我的身边,还有许多排忧解难的患难朋友,除此之外,我还有愉快的心、欢快的笑脸。显然,没有人能剥夺我对上帝的敬仰，无法剥夺我对美好天堂的向往，以及我对罪恶之举的仁慈和宽厚。我照常吃饭、喝酒，照样睡觉和休息，照常读书和思考……"

面对意外和灾难性的打击，泰勒仍然保持开心、快乐，绝不陷入情绪低落的状态，令人钦佩不已。在常人无法忍受的灾难中仍然乐观，这种坚韧、乐观的品性是每个人都应该追求的，这样的人生永远不会阴云密布。

没有计划与评估的行动是不成熟的行动，而不成熟的行动常常成为引发不良情绪的根源。成熟的人不仅能出色地控制自己的情绪，同时对别人的负面情绪也具有良好的免疫能力。

缺乏主见的人，最容易受到负面情绪的影响。而一个有主见的人会轻松地保护好自己的"情感领地"，使其免受不良情绪的传染。显然，前者拥有积极乐观的人生态度，在心理上更加成熟稳定。

事实上，情绪本身没有好坏，每种情绪都有其正面价值。即使是负面情绪，如果你能从中发现人生的真谛，并能够成功地摆脱其恶劣影响，那么就能充分彰显你成熟的一面。

那些高情商的人从不依靠别人获得心理上的安稳与平静。在他们身上，散发着迷人的人格魅力，身边的人因他们的存在而受到感染，得到鼓励，获得振奋的力量。

第06章　理性情绪疗法：
坚定地改变信念、情感和行为

受到不良情绪的影响，人们会心境不佳，做出过激行为，甚至身体出现疾病，让整个人生失控。如果不想成为情绪的奴隶，就要避免情绪化，学会理性思考。

学会区分不健康的情感

生活中,许多人自我感觉良好,然而他们的状况可能非常糟糕。心情很差的时候,他们习惯说"不爽",以表达内心的失落、烦闷。事实上,这些人不能清晰地知道自己处于何种类型的情绪状态。人类有着丰富多样的情绪体验,"不爽"二字怎么能概括全部的负面情绪?

遇到不开心的事,人们习惯被消极情绪击败,在沉沦中迷失自我。其实,失落、痛苦、忐忑等不良情绪存在着很大差异,每种不同的情绪反映了心理上的不同需求,也折射出内心的理念和价值观。显然,只有清晰地辨析情绪,才能找到自己的心理症结所在,找到有效解决问题与促进自身发展的途径。

心理学家研究发现,情绪有正性和负性之分;同时,人们厌恶的负性情绪也有健康与非健康之分,而大多数人并不能清晰地辨析出它们之间的差别。

比如,"担心"是健康的负性情绪,"焦虑"是非健康的负性情绪;"伤心"是健康的负性情绪,"抑郁"是非健康的负性情绪;"生气"是健康的负性情绪,"愤怒"是非健康的负性情绪……这些常见的情绪看似相同,其实有健康与不健康之分。

通常,健康的负性情绪可以调动人的生命能量,帮助我们解决生活中的问题。反之,不健康的负性情绪像深渊一样会把人吞没,没有任何积极作用。心理学家说,清晰地辨析自己的情绪健康与否,极为重要。

怎样区分自己的负性情绪是否健康呢?关键在于它是否与理性信念关联。比如,"嫉妒"与"羡慕"对应,前者来自一个不合理的信念,包含抱怨、憎恶等非理性情感；后者来自一个合理的信念，包含祝福、上进等理性情感。生活中，一个妒忌心强的人很容易走上不归路，而羡慕他人的人更容易自强不息。

在我们身边，那些有心理问题的人大多缺乏理性思维，他们受到不良情绪的感染，以某种毫无建设性的方式采取行动，结果在情感的沼泽里越陷越深，直至沉沦到底。

即便受到不良情绪的干扰，也别放纵自己，因为自救才能重生。清晰地辨析出自己的情绪是正性还是负性，是健康的负性还是非健康的负性，而后洞察出这种负性情绪背后的信念、行为，我们就能有真正的自知之明。当你知道去哪儿，全世界都会为你让路。

如何避免催眠式洗脑

何为催眠式洗脑？它是游说者运用听众自身的欲望和潜能，影响听众接受特定的观点，并采取行动的过程。

生活中，这样的情形数不胜数。本来只是在商场闲逛，不知不觉被售货员说得动了心，事后发现这些商品根本就没有必要购买；在与保险人员交谈中，说着说着感觉心灵交汇，最后竟然买了份保险，并且还怂恿别人也加入其中。

销售员为何有这么大的魔力，他们是如何说服客户产生购买欲望，影响客户情绪变化，牵着客户的鼻子走呢？

第一，平易近人的第一印象。销售员与客户交谈的时候，非常注重第一印象。为此，他们注重穿着和谈吐。面对客户，他们脑海中首先闪现的是"顾客是上帝"。为此，他们穿着得体大方，言谈周到谦和，让人如沐春风。

第二，顾客是亲人的视角。销售员非常注重与客户交谈的措辞。生活中，每个人都不喜欢别人喋喋不休地督促自己买一件产品。因此，聪明的销售员随时随地从顾客的角度出发考虑问题，包括展示商品的品质、价格优势等，最终促使顾客下决心购买。

第三，心态从容镇定。谈吐流利会给对方一种信任的感觉。试想，一个说话吞吞吐吐的人，如何证明自己说的话不是骗人呢？为此，销售员把一整套催眠式的销售策略熟记于心，与客户交谈的时候保持自信，眼睛淡定地看着客户，让双方在眼神交流中获得信任。

通常，游说者为了实施自己的催眠式话术而煞费苦心。他们研究听众的心理，制定了一整套交谈策略。这套策略往往无懈可击，自制力差的人会被催眠，在不知不觉中掉进对方设计的圈套，做了冤大头。等人们醒悟过来，为时已晚。

"道高一尺，魔高一丈"，对于催眠式销售，我们应该怎么应付呢？

其实，最有用也最简单的方法是：在外出逛街之前，列出一项购物清单。此外，还要带上与购物清单上等额的金钱，不能超出太多。这样即使被销售员说得动心了，也会隔一段时间才采取行动。在这个过程中，你有可能头脑清醒过来，不会轻易地上当受骗。

如果你习惯采用手机支付，这时候最好实施一些奖罚措施，由别人监督实施。如果一旦超出了自己的预算，就往银行卡里充一定数额的钱，并且不允许自己取出来。或者将钱交给别人保管，如果表现良好就奖励自己一下。这样做，会起到一定的防治作用。

实际上，陷入催眠式销售的圈套，主要是因为个人自制力不够强。除此之外，还有占小便宜的心理在作祟，催眠式销售往往会让人感觉非常实惠，感觉自己赚到了。因此，当销售人员许诺赠送一些小礼物、优惠券的时候，你就上钩了。

为此，我们要增强自制力，不让对方有机可乘，从而避免一次次陷入催眠式销售的圈套。除了消费，在与人接触的过程中，也要注意避免催眠式游说，不被对方牵着鼻子走，保持理性思考能力。

改变想法，摆脱情绪沉迷

遇到挫折和麻烦的时候，有的人能够不被其纠缠，而有的人则无法摆脱这种不良情绪的干扰。情绪不好时转移注意力，然后积极寻求解决的方法，才能获得更多幸福感。

哲学家奥里欧斯说："我们的生活是由我们的思想造成的。"每个人都是自己思想的产物，一切生活景象、行为特征都是思维作用下的结果。思考呈现出复杂性、多变性的特征，也使得我们的人生呈现出多样性。而心理学家进一步指出，人的命运是由5%的潜意识决定的。如此看来，破解无序生活、检讨失败人生，还需从个人思想入手。

研究发现，人类思考问题时有一个致命缺陷，那就是往往把注意力放在自己的弱点上，而忽略了个人的优点。这其实是一种消极的心理状态。遇到问题以后，无法从眼前的窘境中摆脱出来，沉溺于消极情绪，是许多人失败的重要原因。

最近股市低迷，大卫亏了钱，心情非常糟糕。这一天，他驱车前往高尔夫球场，在那里结识了斯蒂文。两个人一见如故，有聊不完的话题。

建立了信任以后，斯蒂文开始向大卫滔滔不绝地倾诉心中的苦恼。听了许多抱怨的话，大卫也变得心情沉重了。

随后，大卫谈起了股票市场，斯蒂文仍然情绪低落，并不看好股票价格。斯蒂文说，再过6个月，股票价格就会跌到很低的水平，这才是真正令人担忧的。

听到这些消极的话，大卫被深深地刺痛了。随后，他迅速离开高尔夫球场，到网球场与人竞技。傍晚，他又和一群孩子踢了一场足球，回到家里和妻子做了一顿丰盛的晚餐，度过了一段愉快的时光。

过了几天，大卫再次来到高尔夫球场，斯蒂文依然在那里担忧各种事情，看起来非常疲倦。而大卫过得十分轻松，丝毫没有前几天失落的样子。

塞缪尔·斯迈尔斯认为，把成功的法则变成为我所用的金科玉律，首先要养成肯定事物的习惯。如果经常抱着否定的想法，就算潜意识里有正面的思考，终仍无法在行动上向成功的目标靠拢。

专注地想那些糟糕事，会陷入思维沉迷与情绪紊乱状态；如果你将注意力转移，原来痛苦的体验便会被阻隔。情绪的帆船需要自己掌舵，遇到坏情绪的时候，转向另一个方面可以避免情绪触礁，保持好心情。

遇到各种问题的时候，摆脱眼前困境只有靠自己。从痛苦的情绪中转移注意力，寻求解决问题的方法，才能真正帮你越过沟坎。许多时候，你专注于什么，你的世界就是什么。当你转向积极寻求问题解决之道，心境也会变得开朗起来。

大胆驳斥不合理的信念

信念能够给人力量，但是不合理的信念让人产生情绪困扰，因为面对难以企及的目标，伴随而来的往往是痛苦。

不良情绪是一种内心的冲突，不合理的信念无疑会加剧这种冲突，给我们带来严重的焦虑、踌躇情绪。因此，消除人生烦恼的一个有效方法是大胆驳斥不合理的信念，遇事不要庸人自扰。

美国心理学家艾利斯提出了"情绪ABC理论"，探讨了认知因素、信念系统如何塑造人的情绪。

员工A和员工B在园区里散步，迎面碰上了上司C。但是上司没有打招呼，径直走过去了。这时候，员工A立刻想道："上司可能在思考问题，没有注意到我们。虽然刚才没有打招呼，但是一定有特殊原因。"

员工B并不这么想："上司一定对我有意见了。上次顶撞了他一句，现在居然不理我，接下来肯定没好日子过了。"

结果，员工A与员工B产生了不同的情绪体验：A高高兴兴地做事，心态平和安宁；B整天忧心忡忡，一直无法让自己冷静下来。

由此可见，不合理的信念是导致各种负面情绪产生的主要根源。在合理信念的引导下，人们遇事能够产生适当的情绪，做出合理的反应。反之，如果缺乏合理的信念，人们就会产生过多消极情绪，或者无法正常面对眼前的局面，说话办事都令人匪夷所思。如果个人情绪长期处于不健康的状态，最终将产生情绪障碍，甚至引发精神疾病。

对此，艾利斯提出了"合理情绪疗法"，简称"理性疗法"。遭遇重大挫折或失败的时候，构建合理的信念更容易摆脱消极情绪的困扰，选择积极健康的生活方式。发现前面的路走不通，可能是一些不合理的信念在作祟。

当信念有违常理的时候，人就容易丧失理智，思辨能力极大地弱化。这时候，你会拒绝接受现实，在臆想的世界里沉沦下去。如果不懂得变通或改变自我，人生就永无宁日。

总之，一个人的信念是情绪产生的本源。各种负面情绪之所以不请自来，源于你的内心充盈着不合理的信念。因此，如果想摆脱消极情绪，重拾人生的自由与快乐，最关键的一点是大胆驳斥不合理的信念。

你的视角可能永远存在偏见

对一个人的第一印象一旦形成,即使这个人以后完全不是初见时的样子,这种印象也会持久地留在脑海中。对此,心理学上称之为"首因效应"。

那些说话谨小慎微的人,可能会给人留下圆滑世故的印象,而那些说话粗枝大叶的人,则会给人一种没有心计、没心没肺的印象。这就是所谓的"先入为主"。

"只见树木不见森林",无疑是一种短视行为。人们在经验法则的驱使下,戴着有色眼镜观察别人,常常得出错误的结论。于是,偏见就产生了。

为了让对方获得好感,人们在交际中非常注重第一印象,尽量呈现出自己最完美的状态。否则,如果第一次给外界留下了不良印象,即便你日后补救也无济于事。因为最初形成的印象会成为一种固化思维,在人们的大脑中保存下来,这种偏见无法在短期内消除,会让当事人备受折磨。

偏见一旦形成,会成为一种稳定的情绪,左右人们的认知与情感。小说《傲慢与偏见》就是一个典型的例子,女主角因为男方的一句话产生了偏见,后者的行为更加深了这种偏见。在错过以后,他们终于明白,是因为固有的偏见导致了决策偏差,最后有情人难成眷属。如果没有再次遇见,他们可能带着这种偏见过完一生,而且永远不可能真正谅解彼此。

除了"先入为主"这种肤浅的认知之外,造成偏见的因素还有"片面推理"。简而言之,它是根据某件事情、某个人的态度,对眼前的局势做出全部的判断。

一对穿着朴素的夫妇专程从外地赶到哈佛大学，他们此行的目的是想见一见这所著名大学的校长。

校长的秘书看到老夫人穿着一套褪色的条纹棉布衣服，而老头则穿着布制的便宜西装，便轻看了对方。秘书问这对夫妇："你们预约了吗？"

这对夫妇有些底气不足，说道："没有预约。"

秘书想早点把他们打发走，接着说："校长全天都很忙。"

"我们可以慢慢地等。"老夫人答道。

随后，秘书就没再理会这对老夫妇，她断定这两个乡下人等得不耐烦了，会自行离开。没想到，过了几个小时之后，两位老人还静静地坐在那里等候。

无奈之下，秘书只好走进办公室，对校长艾里奥特先生说："有一对老夫妇已经等了几个小时了，您能见他们几分钟吗？"

校长无奈地叹了口气，点头同意了。很明显，他不愿意花几分钟时间见这两个老人。特别是当他看到老人的衣着后，更一度认为老人破坏了会客室的环境。

接着，校长板着脸，傲慢地走到老夫妇面前。老夫人首先开口了："我们的儿子曾在哈佛读了一年书，在这里的日子是他一生中最开心的时光。没想到，一年前他在意外事故中丧生了，所以我们想在校园的某个地方盖一座建筑，来纪念和怀念他。"

听到这里，校长不但没有被打动，反而被激怒了。他粗声粗气地说："夫人！我们不会为任何一个在哈佛读过书并离世的人建雕像。"

"哦，不，不。"老夫人赶紧解释道："我们并不是说要在哈佛建雕像，而是捐一座建筑。"

校长瞪大了眼睛，紧盯着这两位衣着朴素，乃至有些破旧的老人，然后说道："一座建筑！你们知道一座建筑要花多少钱吗？在哈佛，学校的建筑物价值超过 750 万美元。"

老夫人听完校长的话沉默了。过了一会儿，她转身对丈夫说："建一所学校总共就花这么点钱吗？那我们为什么不建一所属于自己的学校呢？"

于是，他们就投资建了斯坦福这所世界闻名的大学。

很多时候，失败并不是因为我们技不如人，也不是缺乏成功的机会，而是在心理上默认了一种固定不变或狭隘的看法。正是这种意识让人们觉得某个目标不可能实现、某个做法不被允许，从而在很大程度上囚禁了自己的思想，导致了"偏见"的产生。

既然偏见带来的危害这么大，那么应该如何避免"一叶障目不见泰山"呢？

第一，正确对待"第一印象"。

外表具有迷惑性，人们应该透过外在看到内在。虽然第一印象很重要，能够为我们做出判断提供参考，但是它仍然带有片面性。在人际交往中，寻找合作伙伴切忌"以貌取人"，否则可能招来伪君子。如果带着这种偏见交朋友，一旦遇到小人，只能自食恶果了。

第二，将心比心，进行角色互换。

站在对方的角度思考，更能体会偏见带来的危害。与形形色色的人打交道，应该让理智大于情感。许多时候，情感带有欺骗性，需要借助理性思维进行辨别。站在对方的角度考虑问题，更容易切身体会场景转换带来的震撼，从而形成公允的理性判断。

第三，淡定做人，消除心理障碍。

对别人产生偏见是一种狭隘的心理在作怪，让人失去了胸怀和判断力。正确的判断来自正常的心理认同，被妒忌、自私填充内心的人缺乏基本的理性思维，因此看任何东西都是模糊的影像。

冲动是魔鬼

生活中经常会出现这样的情景：在洗手间，无意间听到同事说自己的坏话；深夜，隔壁邻居家的音响声大到让人无法忍受的地步；客户总是摆出高人一等的样子，提出无理的要求。这时候，人们非常容易被激怒，虽然一直试图说服自己冷静、冷静，但事到临头，大多数人都无法继续保持理性。

实际上，冲动是最具破坏力的一种情绪，它带来的负面影响可能远远超出了我们的预期。很多时候，击垮巨人的并不是深重的灾难，而是不善于自控的冲动。

"上帝想要毁灭一个人，必先使其疯狂"，这足以证明冲动的危害是多么巨大。一个人无论多么优秀，自控力多么强，总会有软肋使其无法控制自己的冲动，做出让自己终生后悔的事情。

婚姻中，因为不满丈夫不做家务而大吵大闹，甚至冲动离婚；静下心来想想，有时候就连两个人当初为什么吵架的原因都不知道了。家庭中，因为不满父母的督促和教导而离家出走，甚至与父母决裂；等到有一天幡然悔悟，才体会到父母的良苦用心，常常悔之晚矣。

冲动虽然满足了一时的欲求，但是伴随而来的是更大的灾难。因为一时赌气，发下恶狠的毒誓，但是不久之后就后悔不已；脾气一旦爆发，冲动根本无法抑制，到头来伤害最深的往往是最亲近的人。生而为人，如果少了基本的理性精神，说话办事就少了章法和底线，很容易与初衷背道而驰。

那么，如何有效控制冲动情绪，早日成为一个具有理性思维的人呢？

第一,加强个人修养,做一个有涵养的人。

冲动是由性格方面的因素导致的,平常应该看一些修身养性的书籍。知道自己有冲动的毛病,平常应该加以克制,培养平和的心态。

第二,学会理性思考,别用情绪解决问题。

遇事站在对方的角度考虑问题,设身处地想想别人的难处,就会让冲动降温。提升解决问题的能力,在挑战面前不再无能为力,自然会让心情变得平和、安宁。

第三,饮食清淡,确保肝火别太旺盛。

个人情绪变化与饮食、睡眠有一定关系。为此,饮食上应该尽量吃一些清淡的食物,以及养肝护肝的食品,确保肝火别太旺。而注意休息能有效保证人体各项身体机能运转正常,从而避免了情志不稳定以及情绪波动。

第07章 积极心理暗示：
自我感觉良好产生惊人的力量

心理学家马斯洛说："心情若改变，你的态度就跟着改变。态度改变，你的习惯就跟着改变。习惯改变，你的性格就跟着改变。性格改变，你的人生就跟着改变。"借助积极心理暗示的力量，我们可以迅速摆脱眼前的被动局面。

心理暗示的神奇效力

一帆风顺的时候喜上眉梢,寸步难行的时候愁眉不展,这是人们对生活最自然的反应。然而在情绪的影响下,不同的人会有不同的体验。

有的人高兴时哈哈大笑,难过时抱头痛哭,情绪来得快也去得快,他们不容易被抑郁情绪缠住。有的人看似淡定从容、波澜不惊,其实内心早已被焦虑情绪折磨得身心疲惫。之所以出现这种差别,是因为当事人接受了不同的心理暗示。

积极的心理暗示让人对未来充满希望,即使遭受挫折和打击也能乐观地看待一切;反之,消极的心理暗示让人情绪低落,很容易被负面情绪锁住心灵,对生活失去信心。

玛丽出生于一个贫穷的小镇,小的时候饥饿一直伴随左右。上学以后,她对富裕的同学非常羡慕,由此萌生了一个想法:长大后嫁给一个富人。为了这个梦想,她开始有计划地行动。

初中的时候,很多同学沉迷于嬉戏玩乐,玛丽报了各种兴趣班——不仅免费,而且可以学到很多技能。夏天的时候,别人都在吃棒冰,享受着教室里的空调;而玛丽却在舞蹈室训练,汗流浃背。

上了高中,玛丽不仅学习成绩名列前茅,而且保持着苗条的身材。她坚持锻炼身体,穿着打扮也很得体。一些富家子弟向玛丽投出了橄榄枝,但是她没有动心,因为同学间的小打小闹距离她的豪门梦还相差很远。

步入大学校园,玛丽抓住一切机会学习富人的思维习惯。富人喜欢看财经信息,她就旁听财经老师的课;富人注重养生,她就学习养生方法；富人喜欢美，她就学习化妆、穿衣技巧。这时候，玛丽已经成了一颗璀璨的明珠。

大学毕业后，玛丽成功进入世界500强企业，在商界叱咤风云，她时刻保持优雅得体的妆容，做事风格雷厉风行。很多富家子弟在后面穷追不舍，玛丽暗中观察，寻找真正的实力派。

玛丽是一个有梦想的人，并借助积极心理暗示的力量督促自己持续进步，终于逆袭成一名优雅的女子。生活中，懂得自我激励的人都会给自己积极的心理暗示，告别消极的人生状态。

积极的心理暗示拥有强大的力量，它不仅帮助人们实现梦想，而且可以治病。后者是一种自我暗示疗法，已经得到了广泛应用。一些人到医院看病，往往选择那些医术高明的医生。"我真是太幸运了，这个病有救了"，这种自我暗示无疑会和医生的治疗、服药一起产生积极的作用。

反之，当一个人陷入消极情绪中，就会不断给自己进行心理暗示，即使生活处境比一般人好，也依然觉得活得不开心，了无生趣。在他人看来，这个自我评价可能莫名其妙，然而他们却觉得只是外界无法理解罢了。

"一切的成就，一切的财富，都始于一个意念。"这提醒我们，潜意识是自我暗示的力量源泉。它超出了人们的自我控制能力，指导着人们的行为、思想方式。这种意识会提高人的行动力，并朝着自己期望的方向发展。

在个人成长的过程中，正确运用心理暗示具有举足轻重的作用。不要一味地暗示自己不行，应该积极谋划未来，并落实到行动上。只有这样，成功才会越来越近。

让乐观成为一种人生情怀

很多人不知道生活该是什么样子,其实心情的颜色就是生活的底色。如果总是不开心、焦躁烦闷,那么你的生活就是灰色的;如果积极乐观、豁达开朗,那么你的世界就是五彩斑斓的。

面对生活中的烦恼,只需多一份乐观情怀,就能转换心境,告别焦虑和紧张。快乐是一种心情,其滋味如人饮水,各有不同。人生在世,每个人都有自己的苦乐、悲喜。能让别人快乐的东西不一定带给你快乐,但是只要保持乐观心态,就能永远看到希望。

有一次,美国总统罗斯福家中失窃,被偷了许多东西。一位朋友闻讯后,急忙写信进行安慰,劝他不必太在意。

随后,罗斯福写了一封回信:"亲爱的朋友,谢谢你的安慰和关怀,我现在很平安。在此,感谢上帝:第一,贼偷了我的东西,而没有伤害我的身体;第二,贼只偷了一部分东西,而不是全部;第三,最值得庆幸的是,做贼的是他,而不是我。"

对任何一个人来说,失窃绝对是一件不幸的事,而罗斯福却找出了三条感恩的理由,展示了乐观的情怀。

人生在世,最重要的是有一份好心情。内心晴朗,你就会感觉每天的阳光都是灿烂的,不再去埋怨一切不公,可以和朋友分享快乐,也愿意为他人分担忧愁。获得人生快乐和幸福的方法之一就是无论身在何处,都能保持乐观的心境。

今天,人们比以往任何时候更加关注幸福、快乐等积极主观体验,因为这不仅是人生的意义所在，也会反过来影响自身行为。生活赋予我们许多财富，有磨难，也有幸福和快乐。有的人过得不开心，大多是缺乏快乐的心境，常常为了一些琐事愤愤不平。

爱因斯坦未出名之前，经常穿着破旧的大衣在街上走来走去。有一天，他遇到一位朋友，对方笑着说："你每天穿成这样？不担心被别人笑话吗？"

"在这里也没有人认识我，我担心什么呢？"爱因斯坦轻松地回答。

成名后，爱因斯坦依旧没有丢掉原来那件破旧的大衣，并且每天穿着在大街上走来走去。再次遇到那位友人，对方疑惑不解："如今你已经这么出名了，还穿着这件破大衣，是不是有些不太符合你的身份？"

"现在大家都认识我了，我穿成什么样子仍旧是爱因斯坦，不会变成另外一个人。所以，一件破旧大衣穿在身上又有什么妨碍呢？"爱因斯坦笑着回答。

身为世界上最有名气的科学家，爱因斯坦并不讲究穿衣打扮。面对友人的嘲笑，他依旧以乐观的心态应对，这种淡泊名利的气度离不开乐观的心境。对爱因斯坦来说，穿什么并不重要，重要的是以豁达的心态面对生活，无惧他人的唠叨和指责。

人生中的许多事不必放在心上，命运的捉弄也不必计较，你只需按照自己的逻辑去生活，过好当下每一天。在轻松乐观的情怀面前，任何愁苦和坎坷都不再是烦恼，而是成为生活的背景和陪衬，映托出你伟岸的身影。

征服内心的消极想法

坏心情就像坏天气一样常见,当它们悄然降临,整个人的内心都是苦闷、灰暗的。如果不想坠入痛苦的深渊,我们就要征服内心的消极想法,让自己变得更积极,也更坚强。

今天,人们忙于工作、疲于挣钱,往往会忽略自己内心的真实想法。即使有了消极的情绪,也会习以为常,变得麻木不仁。当消极想法占据内心,抑郁就会损耗身心健康,拖延就会降低工作效率,人生就会变得索然无味。

许多人在消极思维模式的影响下,满眼都是糟糕的事情正在发生。是时候转换思维方式了,生活不需要痛苦、悲观和担忧,它们会让局面变得更糟。当危机、冲突和忧虑突然降临的时候,你需要用爱心、怜悯、接纳和理解去应对,寻找解决问题的正确方法。

第一,接受自己的感受。

问自己"为什么有这种感觉",可以帮你认清眼前面临的问题是什么。当然,通过自省获得释放是一件颇为困难的事情,可能你试过了,却依然感觉压抑或烦躁。没关系,想清楚之后,再进入下一步。

第二,把消极情绪写出来。

当情绪落在纸上以后,你可以像旁观者一样观察它们。如果你足够清醒,还可以顺势写下解决之道。当你落笔时,注意别再陷入矛盾或过激的情绪中,确保写下的感受是真实的。

第三,找人倾诉,寻求安慰。

向朋友倾诉内心的感受——这并不仅仅是寻求安慰,还可以在倾诉的过程中将问题淡化。是的，把内心的想法说出来之后，你会发现压力变小了，那些恼人的问题也不令人恐惧了。

当然，选择倾诉目标时除了考虑你们的"交情"，还要确保对方是一个善于倾听且积极乐观的人。否则，如果对方遇事消极悲观，反而会恶化你的不良情绪，这种倾诉就没有必要进行了。

第四，坚持适当运动。

恰当的运动有助于改善心情，这一点不必多说，关键在于"怎么运动"。如果听到坏消息的时候正在路上，那么你可以找个僻静的地方快步走上一段，舒缓糟糕的心情。如果上班期间听到坏消息，可以在楼道里走几分钟。下班以后，坚持跑步、游泳都有助于提升心理韧性。

第五，请选择暂时离开。

如果你清楚地知道哪些人或事让你心生负面情绪，不妨暂且远离它们。时间能冲淡一切，能有效淡化负面情绪，也让自己的心力得到恢复。此外，从特定的情境中抽离出来，还有助于我们理性地思考如何解决问题。

总之，人生没有过不去的坎儿，如果一次跨越不过去，就跨越两次。关键是，面对消极情绪要积极地应对，想办法解决问题，这样才能摆脱失落、无助、郁闷，重回正常的人生轨道。

别让那些不满意摧毁你的自信

有缺憾、不完美是人生的常态，然而许多人并不能接受这一点。他们过分追求完美，对自己提出过高的要求，常常因为一点小缺憾忽略身上的优点。结果，各种不满意充斥心中，让人生举步维艰。

不满意自己个子矮、皮肤黑；不满意自己收入低、交际能力差，自卑就会渐渐地涌上来，与人相处的时候就会低到尘埃里。其实，每个人都是一道美丽的风景线，只是许多人看不到这一点。如果这种消极的心理暗示持续下去，你的人生往往会遭遇灭顶之灾。

一个年轻人幸运地得到了一颗硕大、美丽的珍珠，然而当他看到上面那点瑕疵，脸上的笑容顿时消失了。如果把珍珠上的瑕疵磨掉，那就更完美了。

于是，他磨掉了珍珠的表层，结果瑕疵还在。随后，他又磨去了一层，瑕疵依旧顽固地留在上面……就这样，他磨掉了一层又一层，最后那个瑕疵终于消失了，而珍珠也成了一堆粉末。

珍珠的美丽与它的瑕疵是共生的，这个年轻人显然没有意识到这一点。没有了瑕疵，美丽也就无形了，生活亦如此。

不管是身体的不足，还是经历的遗憾，都是生活不完美的一面。恰恰是这一点，让我们看到了更加丰富多样的人生，也让我们更深切地体会到生命的真谛。

世间许多悲剧，皆因人们对虚无缥缈的完美狂热追求所致。其实，世界并不完美，人生当有不足。有时候，这些缺憾反倒可以使人清醒，催人奋进。我们不能杜绝缺憾，但可以升华和超越缺憾，并在缺憾的人生中追求完美。

从某种意义上说，追求完美、不知足是有上进心的表现，属于一种优秀的品质，但过犹不及，如果因此而患上完美主义强迫症就不明智了。一般来说，完美主义者的个性都十分好强，长此以往很可能会造成精神上的巨大压力，从而引发各种心理障碍。

完美主义者最常见的表现为烦躁、极端、死板，他们在不知不觉中被坏情绪绑架，整天都因鸡毛蒜皮的小事而烦恼，哪怕是衣服的纽扣丢了一颗也会令他们感到烦躁不安，很久前犯的小错也无法忘记，总觉得这是不可原谅的过失……实际上，这些忧虑毫无意义。

其实，磕磕绊绊、起起伏伏才是生活，只有学会接受自身的缺点，淡然看待生活中的各种不完美，才能摆脱坏情绪，从而拥有一个积极的生活态度。更重要的是，如果因为过分追求完美而失去自信，会彻底毁了自己。

努力摆脱生活中的不幸

很多人的一生看似平淡无奇，但是背后总掩藏着许多不为人知的故事，或是令人欣喜，或是哀痛不已。那些生活中的不幸事件总是令人刻骨铭心，而有的疼痛甚至达到了令人难以承受的地步，但最终我们还是无法逃避，必须接受。

当挚爱的亲人离我们而去，当投入心血的事业最终失败，当身体遭遇了难以治愈的病痛……这些无法预料到的事情总是会悄然降临到我们身边，许多人的选择只是默默承受。

最初，人们总是会激烈反抗，不愿意承认这些既定的事实，但最终时间会证明一切。为何不用时间为自己疗伤，让时间来治愈自己的悲伤。有时，我们的生活被这些不幸弄得四分五裂，只有时间才能让它愈合，前提是你有足够的耐性。

有时候，不幸也不完全是坏事，心中的悲伤和怨恨也会成为一种动力，促使我们采取行动，提高办事的技能，将人生的智慧和勇气无限放大，最终摆脱困境。

杰克为人很热情，是一个热爱戏剧表演、朝气蓬勃的青年，体内流淌着一个优秀演员的血液。读大学时，他一直负责所有戏剧演出的幕后工作，还能上场表演。他不仅是年度各项表演的导演之一，还在乐团中担任鼓手工作。毕业之后，杰克来到一家电视制作公司，后来又到一家电视台当节目制作人。

天有不测风云，这一天下午，朋友突然得到消息——杰克去世了。

他死于一种罕见的绝症,而且早在上大学之前就知道自己得了这种病。听到这个消息,朋友沉默了好久,一个知道自己时日不多的人竟然还能对生活充满信心和希望,每天都融入人群中,过得那么快乐。

杰克珍惜生命,面对人生中最大的不幸丝毫没有放弃热情工作、生活。杰克虽然走了,但是他那种珍惜生命、善待生命的生活态度,激励着后来者永不放弃。无论面对怎样的不幸,都要坚持到底,永不放弃,去描绘自己灿烂的人生。

很多人经常抱怨,他们无法承受生命中的不幸,更不要说摆脱这种磨难了。事实并非如此,没有人会一直在不幸中度日,除非你放纵自己。只要还有一丝对生活的渴望,你就不能放弃,用力抓紧改变命运的机会,用尽自己的全部力气来摆脱不幸的束缚。

一些年轻人和那些不成熟的人,面对生活的不幸只会怨天尤人,他们不明白,悲剧的产生就像人的生老病死一般,都是无法改变的既定事实。但是在不幸面前,人性却会变得深邃和顽强,每个人都是自己生命中最厉害的英雄。生活的不幸能激发潜藏在身体里的能量,如果不是情势所逼,我们可能永远将它埋没。

当悲剧降临的时候,时间似乎凝固,世界仿佛也停滞不前,悲痛似乎会永远地延续下去。但是,我们必须鼓起勇气,忍受这些悲伤,继续上路。走出封闭的空间,投入到纷繁多彩的世界吧,与朋友一起共同迎接全新的生活,注定会有传奇发生。

随遇而安，化遗憾为幽默

人生际遇反复无常，不幸常常发生在瞬间，让人措手不及。面对不尽如人意的剧情，还需秉承"不以物喜，不以己悲"的精神，淡定地接受眼前的一切，让灰暗的生活多一抹亮色。

在任何地方，那些幸福快乐的人都有一颗豁达、幽默的心，永远给自己积极的心理暗示。他们遇事不钻牛角尖，懂得随遇而安，将遗憾化作幽默，找到了与这个世界安然相处的方法。

夏天，寺庙的草地有一片光秃秃的。小和尚对老和尚说："快撒点儿草籽吧，太难看了！"老和尚并不着急，随口说道："等天凉了再说，急不得。随时。"

中秋到了，老和尚买了一大包草籽，让小和尚播种。忽然，一阵秋风刮过来，草籽被吹得四处乱飞。小和尚喊起来："师傅，草籽被风刮跑了。"老和尚非常淡定，轻松说道："别急，被吹走的草籽大多是空的，落到土里也不会发芽。随性。"

草籽终于撒完了，几只小鸟飞过来觅食。小和尚跑进书房，又对师傅一阵催促。老和尚放下手中的书，耐心解释："没关系，草籽那么多，小鸟吃不完。随遇。"

到了晚上，一场大雨倾盆而至。小和尚从睡梦中醒来，慌忙跑进禅房："糟糕，草籽被雨水冲走了。"老和尚正在打坐，闭着眼睛说："瞎操心，草籽冲到哪儿就会在哪儿发芽。随缘。"

过了半个多月，那块光秃秃的地上长出了青苗，一些没有播撒草籽的地方也泛出了绿意,小和尚高兴得跳起来。老和尚站在禅房前,只是微微点头:"随喜。"

人生只是一场旅行,无所谓幸与不幸。即便身处困苦之中,也要学会乐观面对。遇事做到顺其自然,就能想得开、看得透,把遗憾转化为喜乐。这既是生命的规律,也是个人成长的智慧。

如果你仔细观察就会发现,每个屋檐下都有被命运无情摧残的人,他们被生活无情地捉弄,内心苦闷,有的人在自怨自艾中沉沦,但是也有人打起精神,选择用积极乐观的方式将内心的遗憾渐渐抹掉,重新找回快乐的自己。

文学大师林清玄颇具幽默感,并擅长在自嘲中制造欢笑。有一次在大学演讲,他高兴地走上台,忽然听到台下议论纷纷。原来,林清玄是一个长相并不出众的人。此时,他很清楚,学生们在嘲笑自己的外貌,不过他并未计较什么。

做完简短的自我介绍之后,林清玄说:"先和大家说一件趣事。有一次,我去一所知名大学演讲,结束之后收到一位漂亮女生的纸条。当她把纸条递过来的时候,还冲我微微一笑。于是,我开心地打开纸条,上面写着一句话:'亲爱的老师,我很喜欢您的演讲,我觉得您就像周星驰喜剧电影中的'火云邪神'。"

随后,台下响起了一阵欢笑声。接着,同学们都安静地等待演说开始。林清玄又说:"看到大家期待的眼神,我就站起来转一圈,让你们看看'火云邪神'到底长什么样子。"于是,台下再次爆发出热烈的掌声和欢呼声。

在演讲中,林清玄又提到了一次自己的经历:"有一次在北京打车,当时我的头发比较长,披在肩上,而且还戴着墨镜。刚坐到车上,司机开口就问:'姑娘,你去哪儿?'我立刻生气了,随手把墨镜摘下来,想让他看个清楚。结果，司机说了一句话，让我更生气了。你们猜，司机说什么了？"

台下的同学都竖起耳朵，想听听这关键的一句话是什么。"司机竟然对我说：'哦哦，不对，看错了，应该是大娘，你这是去哪儿呀？'"林清玄刚说完，台下就哄堂大笑。

林清玄是一个内心坦然的人，他抓住自己外貌上的缺点，并把它当作幽默的素材进行自嘲，三言两语就把听众逗笑了。大家在欢笑中放松了心情，也深感眼前这位前辈风趣优雅，顿时对其产生了好感。随后，林清玄的演讲得到了学生们的一致好评。

幽默能展示一个人的心态、气质及修养。谈吐风趣的人，会有好人缘，他的内心是平和的；擅长辛辣讽刺的人，大多口无遮拦，他的个性是耿直的；懂得自嘲的人，有良好的修养，他的精神世界是丰富多彩的。

许多时候，用随遇而安的心态应对身边的人和事，心中就会有喜悦。更重要的是，世事轮回变幻无穷，今天还是阴雨绵绵，明天就可能阳光普照，何必让不开心打扰内心的安宁呢！

生活中的难事、难题太多了，如果遇到一点儿麻烦就表露在脸上，那么你注定愁云满面。不要为失去的东西、眼前的挫折感到遗憾或懊恼，也别埋怨生活。做一个有趣、积极的人更容易感知并理解这个世界，让痛苦少一些，让快乐多一些。

第08章　与坏情绪共舞：
别让负面情绪吞噬你的心灵

情绪是智商的敌人。学会与坏情绪共舞，把负面情绪宣泄出去，才能减轻内心压力，让解决问题的能力回到正常水平，并重拾快乐与自在。

用宽容化解仇恨情绪

宽容是一种境界，一种风格。它是春风，所到之处鲜花盛开；它是阳光，亲切、明亮，带给人间无数温暖。谁能拒绝阳光呢？对每个人来说，如果在日常生活中不具备包容的胸襟，不但会伤害到他人，也会给自己带来伤害。

苏格兰著名历史学家卡莱尔说："一个伟大的人，以他待小人物的方式，来表达他的伟大。"宽容是一种修养，是一种人人都需要的气度。生活中，总会有一些意想不到的情况发生，宽容就是面对各种磨难的时候应有的一种潇洒。

青年时代，林肯曾在印第安纳州的鸽溪谷定居。当时他年轻气盛，总是喜欢当面指责别人，甚至还经常写诗去嘲讽对手。他经常把写好的东西扔在别人的必经之路上，这对他人造成的伤害往往令人终生难忘。

1842年，林肯在伊利诺伊州的春天镇挂牌做了律师。此时，他经常在报纸上发表文章，公开攻击那些与之为敌的人。

这一年的秋天，林肯讥笑一位自大、好斗的爱尔兰政客——希尔兹。在当地的报纸上，林肯刊登出一封匿名信来大肆嘲讽希尔兹，使得全镇的人哄然大笑。希尔兹平日里骄傲敏感，哪里能受得了这样的侮辱。他马上查出是谁写的这封信，当即跳上马找到林肯，并要与他决一死战。

显然，林肯平时不愿打架，更反对这种真刀真枪的决斗，可是为了保全面子还是答应下来。希尔兹让林肯选用一种武器，由于手臂特别长，再加上曾与一位西点军校的毕业生学习过刀战，林肯便选用了马队用的大刀。

在指定日期内,两个人约在密西西比河的河滩上决斗。这时,朋友们匆忙赶来,经过一番劝说,才使得两人最终放弃了这场厮杀。

经历了这件事,原本口无遮拦的林肯似乎清醒了许多。他没想到自己的嘲讽竟然招致了这么严重的后果,而这件事也给了他一个极其宝贵的教训。他永远不再写凌辱人的文章了,永远不再讥笑他人了。也是从这个时候起,林肯几乎不再为任何事而批评他人。

学会包容和宽恕,你就会得到一种无限的力量。计较的人生没有快乐,也不会有安宁的生活。包容一切,内心才会变得波澜不惊。

由于各种原因,每个人的修养与利益诉求不一样,所以在交往中难免发生矛盾和误会,包容他人的缺点,而非斤斤计较,自然会成为最有魅力的人,也会给你带来更多收益。更重要的是,如果你想从友谊中获得快乐,更需要有一颗包容的心,容忍他人的缺陷与不足。

宽容是一种美德。能够宽容别人的人,可以和任何人融洽相处,赢得更多朋友和友谊。在一个复杂的社会中,如果能够做到宽以待人,就能有效减少不必要的摩擦和误解,消除隔阂与分歧。

用淡定摆脱浮躁情绪

一位哲人说:"生活中的烦心事很多,有些你越想忘记越不容易忘掉,那就把它记住。就像一杯带有泥土的水,如果你不停地摇晃它,它就是一杯浑水。如果你静静地让它沉淀,用宽广的胸怀去容纳它们,心灵就不会因此受到污染,反而重新归于纯净。"放宽心态,用简单的眼光看待一切,会发现生活变得轻松、简单、自在。

渔夫正在海边晒太阳,游客看他一连好几天不出海打鱼了,就问:"你为什么不去努力赚钱呢?"渔夫反问道:"为什么要赚那么多钱?"游客说:"有了钱就可以悠闲地散步、晒太阳啦!"渔夫淡然说道:"我正在悠闲地晒太阳呢!"

这个故事告诉我们,人可以活得简单一点儿,从而体验到更多乐趣。生活中原本没有复杂的事情,只有复杂的心灵和永无止境的欲望。

人是情绪化的动物,难免会在焦躁、冲动的时候做出过火的举动。但是,因为一时冲动而怒不可遏,往往会因非理性的言行把局面搞砸,最后无法收拾。懂得减少冲动和任性,无疑是个人成熟的表现。

事实上,许多外在的东西是无法左右的,为此大可不必忧虑。始终抱有一颗淡定平和的心态,会免受冲动、焦虑的煎熬,更容易掌控眼前的局面。

在日本,有一个关于心态的古老传说。一位争强好胜的武士向一位

第08章 与坏情绪共舞：
别让负面情绪吞噬你的心灵

禅师挑衅："喂，你来解释一下，什么是极乐世界？什么是地狱？"

禅师生气地斥责："我根本不屑给你解释！"

武士十分愤怒，拔出刀威胁禅师。禅师却十分平静地说："这种情况就是地狱。"

听到这句话，武士突然一愣。原来所谓的地狱就是被浮躁的情绪控制，于是他把刀收回，对禅师深鞠一躬，对刚才的行为表示歉意。这时候，禅师又平静地说："这就是极乐世界。"

在这个传说里，禅师虽然仅仅说了两句话，却揭示出情绪失控的严重危害，以及意识到自身情绪失控的重要性。很多情况下，做人浮躁和浮夸，心态就失去了平和，容易做出冲动的事情。在这种心境下做事，会失去应有的判断力，导致局面一团糟。

为什么有些人能够掌握自己的人生，冲破万难建立功业，而有些人却碌碌无为？为什么有些人并不富裕，却依然过得幸福美满，而有的人拥有金钱、地位、权力，却仍然感觉很空虚？这就是心态的力量。拥有平和的心态，做人不浮躁，自然容易发现生活中的美好，从细微之处体会到幸福的真谛，体会到成功的意义。

拿破仑·希尔说："要么你驾驭命运，要么命运驾驭你，你的心态决定了谁是坐骑，谁是骑师。"心中保持一份淡雅的情愫，做人就能平和、淡然，从而处事不浮躁，说话不浮夸。当你遇到某些状况，无法平复心境的时候，要学着保持淡定。

第一，从积极正面的角度想问题。

有人说，把火气发泄出来有助于心理健康。但是一项研究表明，这是一种糟糕的做法，对于平复内心情绪毫无帮助作用。心理学家推荐了一种科学方法，那就是自觉地从积极、正面的角度看待外界的"冒犯"。

比如，开车的时候一辆车快速从旁边经过，这时应该想到"他应该有什么急事吧"，或者"可能我开得太慢了"。这样一来，你的怒火就被消灭在萌芽阶段。这是一种极为有效的控制负面情绪的方法。

第二，一个很简单却很有效的方法：坐下来。

产生剧烈情绪波动的时候，血液中的去甲肾上腺素含量明显增高，这种血液成分会大大加快血液循环，使人活力倍增。而当一个人全方位地舒展躯体和四肢后，随着活动空间的大幅度扩展，血液循环又进一步得到加速刺激，从而容易引发争吵。

产生情绪波动的时候坐下来，是通过抑制生理能量供应来减弱怒火。遇事不慌不忙，保持冷静理智，自然容易让心中的怒火慢慢消散。

第三，人活到极致，一定是素与简。

通常，一个人越炫耀什么，内心就越缺少什么。生活中，内心真正富足的人从不炫耀拥有的一切，反而低调示人，把时间和精力投放到更有意义的事情上。有的富豪虽然身价不菲，但是生活上十分抠门。他们中的一些人，无论外出活动，还是演讲，永远都穿着最普通的衣服。

天下本无事，庸人自扰之。真正有智慧的人，知道怎样简单做人，简单生活。简单是一种处世哲学，一种超高境界，是一种积极向上的生活态度，是一种优雅与闲适的生活方式。简单做人，并与人简单相处，能有效减少生活中的烦恼、工作中的焦虑，让人生变得不再忧愁。

用克制平抑愤怒情绪

发现事情与自己的期望不相符，人就会产生愤怒这种负面情绪，用来表达内心的不满。表面看来，愤怒令人畏惧，实际上却暴露了当事人无助的一面。

人在愤怒时会失去理智，伤害周围的朋友和家人，所以它是一种非常恶劣的负面情绪。通常，人们在愤怒的支配下不再顾忌他人的感受和想法，会做出一些过激的行为。由此，家庭不再和睦，朋友不再亲近，发怒的人也会让身体健康受损。

小时候，艾伦性格乖戾，经常无缘无故地发脾气。有时候，他会把所有能看到的东西摔得粉碎，才能平息心头的怒火。对此，父亲没有强硬地训诫，而是送给他一大包钉子——每次生气时在后院的栅栏上钉一颗钉子。

艾伦照做了，直到连续钉下12颗钉子之后，他才慢慢学会控制愤怒情绪。随后，栅栏上新出现的钉子越来越少。艾伦发现，控制自己的情绪比在高高的栅栏上钉钉子容易多了。直到有一天，栅栏上再也没有出现新的钉子。

父亲带着艾伦来到栅栏边，把钉子一颗一颗地取下来："孩子，你不再乱发脾气了，这样很好。你看，栅栏上的钉子留下了很多小孔，它们会一直存在下去，就像你发脾气时说的气话，像钉子一样扎进别人的心里。虽然后来你道歉，但是这些伤痕仍然无法抹平，久久都不能愈合。"

很多人可以从艾伦的身上找到自己的影子。显然，口头的伤害并不比肉体的伤害低，恶语相向等于在别人心口插了一刀，一时的愤怒会给他人带来无法抹去的伤害，也会给彼此的关系造成不可弥补的遗憾。

当你怒火升起来，快要无法自控的时候，一定要尝试着转换心境，别因为情绪失控吃大亏。不照顾他人的感受，自然也无法得到他人的关照。对每个人来说，学会控制愤怒情绪永远是一门必修课。

第一，尽量推迟发怒的时间。

如果你发现自己经常在一些特定的场合下发怒，那么下次遇到相似场合的时候先提醒自己多忍一会儿。如果这次忍耐了十秒钟，那么下一次想要发怒的时候忍耐二十秒，久而久之你就能控制愤怒情绪，甚至不会因为外界干扰而大动肝火。

第二，把发怒的缘由记下来。

在笔记本上记录每次发怒的原因、时间、地点，并认真地记录每一次发怒的细节。坚持一段时间之后，就会发现如果经常发怒，记录这些事情就变得非常麻烦，从而主动减少发怒的次数。

如果你想提高情商、管理好情绪，那就不要让怒火上身。损害他人的物质利益，或许还可以弥补；因为发怒而伤害别人的自尊和感情，那无异于自绝后路。关键时刻赶走心里那只愤怒的小鸟，你就是识大体、顾大局、成大事的人。

用理智面对恐惧情绪

你为什么会感到害怕?为什么不敢挑战自我,不敢追逐梦想?恐惧心理就像影子一样,总是伴随我们左右。事实上,每个人都有特定的恐惧对象,只不过不轻易察觉罢了。

如何克服自己的恐惧心理?首先要接受"恐惧"客观存在这一事实。承认恐惧是消除恐惧的重要一步。承认了内心的恐惧,你就能够与之谈判,并最终战胜它。事实上,承认恐惧的客观性,接受内心存在的恐惧感,才能准确了解"为什么害怕"。

一个美国人和一个犹太人组成了家庭,生了一个可爱的小男孩比尔。比尔长到三岁的时候,发现妈妈经常做一种叫作"Kreplach"的食物——长相不是太讨人喜欢,甚至对小朋友来说有点吓人。所以,比尔每次都不敢吃,甚至不敢看。

"Kreplach"是犹太人的一种特色饺子,在外人看来会感觉有些奇怪。为了帮助比尔克服这种莫名的恐惧,妈妈告诉孩子"Kreplach"并不可怕,还把比尔带到厨房,教他如何制作"Kreplach"。

妈妈先给比尔一个面团,让他揉捏,然后问:"你现在感觉害怕吗?"比尔回答说:"不害怕。"比尔玩着面团,渐渐放松了。接着,妈妈切出一个小方块,又问:"这没有什么可怕的,对吗?""一点也不可怕!"比尔一边揉面团,一边傲气地说道。

然后,妈妈将一点肉馅放入小方块的中间,继续追问比尔是否害怕。随后,比尔的回答仍然是"NO"。接下来,妈妈将一个角折向中央,又折了一个角，再一个角，最后一个角折起以后，比尔尖叫起来："这就是 Kreplach！"

妈妈说："没错，你刚刚亲自做了一个 Kreplach 呢！你还害怕它吗？"小比尔呵呵笑道："一点儿都不可怕！"

恐惧产生的原因有很多。在一个充满压力、压抑、竞争的社会中，产生幽怨的心理，以至对未来产生莫名的担忧和害怕，显得司空见惯。此外，出生环境也会给人的心灵带来不同的影响。比如，贫穷家庭出生的孩子会对贫困有极大的恐惧，因为家人可能因为没钱治病而死去。

小时候经历的一些事情，也会对每个人产生重要影响。比如，童年的阴影会隐藏在内心，潜移默化地发生作用，你甚至不曾察觉。所以，充分认识一个人不妨格外注意他在孩童时代的成长经历。

对个人来说，如果童年不幸遭遇了什么，也不要隐藏它。选择勇敢正视，通过向心理医生求助等方式找到根源，才能彻底消除内心的恐惧。

恐惧心理不可怕，这是正常的情绪体验。找到引发恐惧的原因，并勇敢面对它，是消除恐惧心理的第一步。理性地承认恐惧并接受恐惧，你会发现有些东西并不那么可怕。

用感恩替代抱怨情绪

每天都有人碰上倒霉事,每天都有人遭遇磨难,我们应该庆幸自己还能正常学习、工作、生活。与那些躺在病床上的人相比,你身体健康,这就是最值得感恩的地方。与那些进入梦乡就无法醒来的人相比,你每天清晨还能看到太阳,就应该心存感激。

爱因斯坦说:"每天我都要无数次地提醒自己,我的内心和外在的生活,都是建立在其他人的劳动的基础上。我必须竭尽全力,像我曾经得到的和正在得到的那样,做出同样的贡献。"

吉姆居住在纽约附近一个小镇上,是一个天生的足球运动员。然而,他在中学期间患癌,最后双腿被截肢。这本是一件让人崩溃的事情,但是吉姆回到学校之后,却和同学们开玩笑说:"我会装上用木头做的腿,到时候把袜子钉在腿上,你们谁都做不到。"

虽然不能回到球场上,但是吉姆仍然恳求教练把自己留在球队中当管理员。每天,他准时到球场帮教练收拾训练攻守的沙盘模型。这种积极的态度和坚强的毅力感染了全体队员,整支球队在他的鼓励下充满斗志。

有了这份陪伴和激励,球队在这个赛季中保持着全胜的战绩。赛后,为了庆祝这难得的胜利,队员举行庆功宴,并准备送给吉姆一个全体队员签名的足球。但是,吉姆因为身体太虚弱未能到场,所以宴会并不圆满。

几周后,吉姆脸色苍白地回到了球队,仍然与大家说笑。教练还轻声责问:"为什么没来参加庆功宴?""教练,你不知道我正在节食吗?"

笑容掩盖了吉姆脸上的苍白。

一个队员拿出写满签名的足球，说道："吉姆，都是因为你，我们才能获胜。"其实，癌症早已经恶化了，吉姆回家之后的第二天就去世了。

你之所以看不到你所拥有的，是因为你没有开启那扇"感谢"的心门。低下头看看你的手，你会发现握着的东西远远超过了你的期望。从现在开始，学会感恩，学会感谢，给予他人更多帮助，就会活得更加充实，内心更加幸福。

人的一生固然总会有各种各样的不如意，但快乐的人却不会将这些装在心里，他们让心中充满感谢，所以没有忧虑。快乐是什么？快乐就是珍惜已拥有的一切。学会了知足，心中充满感激，就能获得快乐，在生活中随时说一声"谢谢"。

时光的长河奔腾不息，人生的每一个阶段，生活的每一个细节都值得感激。感恩是知足，是谦逊，是自省，也是一种善良。一个人有了感恩的心态，会发现自己的世界充满灿烂的阳光。

第09章 情绪安抚技巧：
对情绪低落的人采取正面行动

情商高的人都是掌控局面的高手，他们善于宽慰人心，让对方远离不良情绪，妥善处置可能出现的危机。面对情绪低落的人，说话令人舒心，给对方提供安全感，都能收到良好的安抚效果。

学会真诚地关心他人

纽约一家电话公司曾经做过一个调查,研究人们打电话时最常用的字是什么。结果并不意外,"我"字在 500 多次电话中被使用了多达 3000 次。由此不难发现,人真是自私的动物,只关心自己。

一个不争的事实是,很多人花费一生的时间都在对别人谄媚逢迎,搔首弄姿,目的是获得对方的注意,然而结果只是白费力气。面对这样的虚情假意,又有多少人会在意呢?如果我们只是为了引起对方的注意,或者给人留下一点儿印象,才选择与人交往,那绝对交不到真心朋友。

很多时候,人们总是以自我为中心,只考虑自己的感受,而忽视他人的想法,这实在不是明智之举。比如,看集体照片的时候,你是不是急于寻找人群中的自己?在此,我们要牢记一点,如果想与人相处融洽,找到真正的知己,必须付出你的真心,真诚地关心对方。

霍华德·舍斯顿是美国著名的魔术大师,几十年来他的表演足迹遍及天下,所到之处广受欢迎。早年,霍华德离家出走,到处流浪,从未接受过一天的学校教育。流浪的日子里,他睡过草堆,吃过别人施舍的食物,深刻体会到人情冷暖。

后来,霍华德刻苦学习魔术技艺,逐渐掌握了令人惊讶的技能。他能够取得今天的成就,得益于两点。

第一,在舞台上充分展示自己的个性。作为一位表演大师,霍华德谙熟人性的密码。在舞台上,他认真演练每一个手势、每一个动作。

第二,真诚地关心别人。许多魔术师面对观众的时候,总是把他们当成土包子、笨蛋。但是霍华德每次上台时，总是对自己说："是这些人帮助我有了今天的成就，我一定要拿出绝活儿让大家欣赏。"他宣称，当自己走向舞台的时候，心里总是在默念"我爱我的观众"。

生活中，那些能够真正表达关心的人，总能赢得他人的注意，也能得到他人的帮助，即使在最忙碌的时刻也不会袖手旁观。真正关心别人，不仅会让你交到真诚的朋友，也能为你的事业推波助澜。

当然，关心他人的时候务必要出自真诚。并且，接受关心的人也应该如此。这是一种共赢的选择，参与进来的双方都会受益。正如罗马诗人帕里利亚斯·赛诺思所说："当别人关心我们时，我们也应该关心他们。"

能够引起他人注意，是一种潜在的心理需求。因为身份、职位、财富的不同，人们得到的关注也迥异不同。相对而言，那些职位较高、地位较为重要的人，得到的关注会更多一些；而那些职位较低、业绩一般的人则较少获得关注，甚至从来不被重视。

在与人相处的过程中，不要只记住那些重要的人，因为他们所获得的关注已经足够。应该多去关注那些小人物，真心真意地对他们表达关注，你会获得不一样的收获。

《职业妇女》杂志主编琳·波维奇说："你应该认真对待每一个人，决不能拒人于千里之外，而且必须经常与他们沟通交流。我经常走动以便与同事交谈，并建立了一套聚会系统，因此每一位同事都知道某天的某个工作时间会有机会与我单独谈话。所以，他们如果有什么想法就会找机会与我交流，而我对他们的工作感兴趣，对他们的所作所为感兴趣，对他们本人更感兴趣。"

关心他人的另一个重要法则是给予对方同情。在我们所遇到的人当中，有75%渴望得到同情，他们或许经历了亲人的离世，或遭遇了人生的重大挫折，或承受着感情的创伤。

无论何种原因,当面对潦倒不堪的人时,大方地给予应有的同情之心吧!给予他们一点爱,我们会获得相应的回报和尊敬,从而在人际交往中赢得更多理解和支持。

承认错误有助于赢得信任

在人际沟通中，照顾对方的情绪有利于赢得同情、理解与信任。如果我们能时刻考虑对方的感受，懂得放低姿态，往往能迅速拉近彼此的距离。

比如，批评别人之前，应该先思考自己是不是十全十美了。如果你不能完全规避错误，那又有什么资格去指责别人呢？先说出你自己的错误，放低姿态之后显然能够促使对方放下戒心，然后倾听你的意见。

18世纪初，德皇威廉二世高傲自大，从不把别人放在眼里。他组建陆军、海军，想进攻周边的国家，与世界为敌，称霸全球。为了实现自己的野心，威廉二世说了一些不着边际的话，这令整个欧洲都为之震撼。更糟糕的是，威廉二世访问英国时，竟然把这些自傲、荒谬的言论刊登在《每日电讯》上。

在欧洲100多年的和平时期，从未有任何一个欧洲国王说过这样惊人的话。当时，整个欧洲一片哗然，人们全都骚动起来。看到各国的骚动，威廉二世意识到了事态的严重性。手足无措之际，他向布洛亲王暗示，令对方代为受过。换句话说，就是让布洛亲王宣称那一切都是他的责任，与威廉二世无关，是他建议德皇说出了这些不可信的话。

出乎德皇意料，布洛亲王婉拒了这一要求，他说："陛下，恐怕如今的德国人和英国人都不会相信是我建议您说的那些话。"当布洛亲王说出这些话后，他立即发现自己犯了一个无法弥补的错误。果然，德皇大怒："你以为我是一头笨驴吗？连你都不至于犯的错，我却做了出来。"

布洛亲王知道，此时的德皇无论如何都不会马上承认错误。他决定采用其他的办法：在批评之后主动认错，加以赞美。结果，奇迹马上出现了。

随后，布洛亲王向德皇恭敬地说："陛下，您在很多方面都比我强，不仅谙熟海军知识，还熟练掌握自然科学。陛下您每次谈到风雨表、无线电报这些科学原理时，我总是感到一阵阵的羞愧，因为自己对此一概不知，对自然科学一窍不通，甚至化学、物理更是全然不懂。即使平日里最普通的自然现象，我也无法做出科学合理的解释，我知道的只有那一点点可怜的历史知识和一些政治上的琐事。"

听到这里，德皇脸上终于有了笑容。布洛亲王主动示弱并认错，抬高了德皇，贬低了自己，一番称赞更是让对方忘记了愤怒。布洛亲王一番诚恳解释，终于赢得了德皇的宽恕和谅解。

从上面的故事中不难发现，布洛亲王通过对德皇的称赞及时解救了自己。正是因为他先承认自己的错误，说了一些放低自己、称赞对方的话，才把盛怒中的德皇变成了朋友。如果把这种沟通技巧用到工作、生活中去，也一定能收获意想不到的奇迹。

当然，承认错误的确需要勇气，特别是当你正在气头上时。而一旦承认了过错，你会获得极大的回报，除了不再有罪恶感和自我防卫的压力之外，还能消除因错误而造成的许多困扰。

站在对方的视角来看，面对能够主动承认错误的人，没必要继续耿耿于怀了。尽管对方心中还不舒服，但是怒气已经消了一半。毫无疑问，你已经成功安抚了对方愤愤不平的情绪，并以最佳方式赢得了和解，再次收获了信任。

主动认错不但使你显得与众不同，还给人负责、豁达的印象。请记住这句话："你绝不会因为争吵而得到太多，只有主动承认错误才能使你得到比预期还多的东西。"

帮助挫折承受力低的人

有的人无法接受自己不喜欢、不希望或不想要的生活,从而处于消极的情绪状态,比如愤怒、自怜和抑郁。对于这种情况,我们称为"挫折承受力低"。

生活中,挫折承受力低的人往往意志力薄弱、抗压能力不足。酒瘾患者、情绪失控者都是挫折承受力低的受害者,他们渴望改变目前的窘境,却无法做出改变,由此陷入痛苦的深渊。

挫折承受力低是现代人陷入焦虑的一个重要原因。很多人会因为一些不顺心的事茫然、无助,遭受种种痛苦。面对行业挑战、同事竞争、工作环境变化等,人们被压得喘不过气来。在这种情况下,如果不能适时给心灵减压,必然给心灵带来巨大的创伤,也促使我们产生焦虑情绪。

教室里很安静,老师在讲台上举着一杯水,问道:"你们认为这杯水有多重?"随后,台下交头接耳,有人说是200克,也有人猜是300克。

"是的,它只有200克——那么,你们把这杯水端在手中,能够坚持多长时间呢?"老师又问。这时候,许多人笑起来:"区区200克水,端多长时间也没有问题!"

看到学生们的反应,老师严肃地说:"的确,200克水并不重,你可以端1分钟。可是,端30分钟,就不像开始那么轻松了,大家的手会感觉酸疼。那么,再过1小时,1天,1周……会怎么样呢?恐怕最后要叫救护车了。"

听到这里,学生们都笑了,不过这次是赞同的微笑。随后,老师继续说:"这杯水的确非常轻,可是长时间托举会让你感觉吃力。同理,假如你把压力放在身上,只要时间一长,也会无法承受。"

一个人即使有强大的内心,如果持续承受压力,也有倒下的可能。从这个角度看,我们都是挫折承受力低的人,因此平时注意适当减压就很有必要了。

即使再小的压力,时间长了也会让人焦虑,也会把人压垮,甚至会导致个人情绪失控。今天,我们面对日趋激烈的竞争,压力被放大了无数倍;如果你想摆脱焦虑,不想被压垮,就要学会放下各种负荷,让心灵得到休息。

对于那些已经发生的事情,请勇于面对它、接受它。如果一味地躲在角落里自怨自艾、痛苦流泪,那是不可取的。懂得休息的人才会工作,如果你不善于给心灵解压,那么你就是一个挫折承受力低的人。

鼓励比指责更有价值

皮特·巴洛经常跟着马戏团巡回演出，他训练小狗很有一套。通常，每当小狗有一点点进步的时候，皮特总会拍拍它，给它食物，夸张地给予鼓励。

这并不是多么令人称奇的事情，凡是训练动物的人都掌握了这种技巧。但是令人奇怪的是，为什么我们在对待他人时不能使用这样的技巧呢？为什么不用奖励代替惩罚？为什么不用称赞代替责骂？哪怕他人只取得了一点儿微不足道的进步，也请真诚地表达你的赞赏，这些话语会成为他们前进的动力。

多年前，伦敦有一个年轻人希望成为作家。但是，他仅读了4年书，父亲就因为付不起债被捕入狱。他一度饱尝饥饿的痛苦，最后找到了一份工作：在一间老鼠满地跑的货仓里，粘贴墨水瓶上的签条。

晚上，这个年轻人与另外两个来自贫民窟的肮脏顽童住在楼顶的一小间暗房里。但他没有放弃成为作家的梦想，而是利用休息的时间写作。写完第一篇稿子的时候，他担心遭到讥笑，只好在夜间悄悄地把稿子投入邮箱里。

年轻人写了很多稿子，最初的时候都被退回了，但是他仍然不断地写稿、投稿。最后，伟大的一天到来了，终于有一篇稿子被选上了。实际上，他没有得到一先令的报酬，但是一位编者称赞了他。年轻人非常兴奋，在街上漫无目的地游荡，泪流满面。

由一篇故事被刊出所得的称赞及承认，改变了这个年轻人的一生。

如果不是因为那次鼓励，他可能一辈子都在破乱的货仓里工作。你或许知道那个年轻人的名字，他就是英国大文学家狄更斯。

赞许的话语如同抚慰人心的温煦日光，灵魂缺少它的滋养就无法像花朵般盛放。然而大多数人对于同胞只有寒风般凛冽的责难，从不愿给予些许阳光般和暖的夸奖。

一位狱长说，即使对于监狱里的罪犯，称赞其最微小的进步也是值得的。"我们应当对罪犯做出的努力表示欣赏，这比严厉的批评与惩罚更能激发他们的合作感，并有助于他们恢复自己的人格。"

以表扬代替批评是伯尔赫斯·弗雷德里克·斯金纳奉行的基本教育理念。这位当代著名心理学家通过实验证明，如果将批评降至最低限度而着重强调表扬，人们的善举会被巩固，不良行径因为未被关注会逐渐弱化。

不要吝惜你的赞美，假如我们善于鼓励日常接触到的人，让他们知道自己的潜力，那么我们就用自己的行动改变了他们的一生。

如何安抚考试失利的孩子

在学习中,许多孩子都有过考试失利的经历。对此,父母的教育方式决定着孩子是否能够从失败的阴影中走出来,在接下来的学习中再接再厉。因此,学会安抚考试失利的孩子,在情绪上给予安慰和关怀,才能让他们在坚强和勇敢中突破自我。

月月的学校管理非常严格,异常重视学习成绩。每次公布考试成绩时,学校都会贴出成绩单,同时标出学生的成绩比上一次是进步了还是后退了,从而方便家长查阅。

最近,月月的学习成绩一直不错,但是始终没有进入班级前5名。这次期末考试前,爸爸向月月提出了要求:一定要努力进入前5名。

考试成绩出来了,月月不仅没有如愿以偿地进入班级前5名,反而后退了好几名。看到孩子的成绩下滑,爸爸有些情绪失控,竟然当着很多家长和同学的面呵斥月月。周围的家长赶忙劝阻,但是爸爸不理不睬。

看到爸爸咆哮的样子,月月很害怕,同时担心同学们是不是在嘲笑自己。回家的路上,月月一句话也没有说,一直默默地低着头。

回到家里,妈妈看到月月不说一句话,急忙询问发生了什么。"别管她,让她自己反省吧!"爸爸在旁边不耐烦地说,显然他还在生气。

第二天,爸爸和妈妈发现月月没有早早起床上学,而是躺在床上发呆。无论他们怎样劝说,月月就是不肯去上学了。看到女儿如此反常,爸爸意识到昨天自己太过分了。

"胜败乃兵家常事",考试失利是很正常的事情。出现这种情况以后,有的父母对孩子大加斥责,深深地伤害了他们的自尊心,导致孩子对学习失去了兴趣。孩子遇到挫折,父母不仅不能责备孩子,反而应该在情绪上给予安慰,帮助他们尽快走出失败的阴影。

第一,帮助孩子摆脱失落情绪。

对待孩子的学习一定要保持平常心,万万不可急于求成。如果父母能够充分理解孩子,并给予适当安慰,那么他们就会摆正心态,摆脱考试失利带来的沮丧、失落情绪,主动改进学习方法。

第二,帮助孩子分析考试失利的原因。

孩子考试失利后,父母应该主动帮助孩子分析其中的原因,该鼓励的地方鼓励,该批评的地方批评,以防止孩子被同一块石头绊倒两次。其实,考试的真正目的在于查漏补缺,通过考试暴露出一些不足之处,也并非坏事。

善待他人就是善待自己

米奇·艾尔邦的著作《在天堂遇见的五个人》中，有这样一句话："陌生人，是你迟早会认识的家人。"把善意和情感用在陌生人身上，似乎是一种浪费，这些人和我们有什么关系呢？殊不知，你做出关爱他人的举动，其实是在帮助自己。

一位女士在一家肉类加工厂工作。这一天，当她走进冷库例行检查时，门意外地关上了。此时，大部分工人已经下班，她被锁在冷库里，根本没人发现。她竭尽全力喊叫，并敲打冷库的门，但是没有人能够听到。

几个小时后，她冻得浑身发抖，几乎绝望了。濒临死亡的边缘，她开始回想这一生……忽然，冷库的门打开了，工厂保安最终救了她。

后来，这位女士问保安："你为什么会去开门？这不是你的日常工作。"保安说："我在这家工厂工作了35年，每天有几百名工人进进出出，但是只有你在上班的时候主动向我问好，下班的时候主动跟我道别。所以，我对你印象深刻。"

"今天早晨，你照例对我说了一声'你好'。但是下班后，我却没听到你跟我说'再见'。你每天的问候让我很开心，自然我也会关心你。今天没有听到告别声，我知道可能发生了什么事，所以才到工厂里四处找你。"

这位女士能够起死回生，与其说是善良的保安救了她，不如说是她拯救了自己。平日里处处与人和睦相处，重视身边的每一个人，如果没有足够的耐心和教养，显然做不到这一点。无疑，她是一个热爱生活的人，情感丰富，情商也很高。这种谦卑、友善的个性影响了保安，也让后者在关键时刻帮助了自己。

那些受挫、降职、被嘲讽的人，尤其渴望得到情绪抚慰，期待得到重视和激励。如果你怀有足够的善意，能够在关键时刻给予别人帮助和安慰，那么三言两语就可以让对方感受到巨大的温暖。对情绪低落的人采取正面行动，是最有效的感情投资。

人生其实是一次漫长的旅行，我们从这里走到那里，从年少过渡到年老，从获得变为失去，是一个不断遇到他人、不断历练心性的过程。善待别人，虽然不会立即得到回报，可这种善的轮回已经成形，终有一天，我们会在其中被保护，被带领。在人和人相互扶持、互相帮助的地方，就是天堂。

一个人有怎样的命运，能做出怎样的成就，虽然与周围的环境有关，但是终究取决于本人。与收获相比，付出更能令人感受到行动的意义、生命的价值，并在将来某个时刻得到天赐的恩泽。

第10章　提高情商指数：
不会控制情绪其实就是情商低

人的一生都在与本能做斗争，高效能人士懂得战胜人性的弱点。如果不想被不良情绪驱使，必须掌握情绪管理技巧，培养强大的自控力。

高情商从情绪管理开始

研究表明，我们随时受到自身情绪的影响，无论它是积极的还是消极的。区别在于，情商高的人懂得管理自己的情绪，避免负面情绪失控，从而保证工作和生活在正常的轨道上运行。

有的人不懂情绪管理，习惯放任自己的情绪，不仅影响个人正常的决策，还会恶化与外界的关系。一个人做事情绪化，会给人不可靠的感觉。那些有所成就的人懂得自律和自制的珍贵，他们首先战胜了自己，然后才征服了世界。

早年，美国一位曾经做过大学校长的人，参加当地的议员竞选。这个人资历很深，又博学多识，非常有希望在选举中获胜。但是，到了选举中期，一个谣言散布出来了：3年前，他在一次教育大会期间，与一位年轻女教师发生了暧昧的行为。

这其实是一个弥天大谎，这位候选人对此感到非常愤怒，并尽力为自己辩解。由于按捺不住胸中的怒火，他在以后每次集会中都要站出来澄清事实，证明自己是清白的。其实，大部分选民根本没有听过这件事，结果越来越多的人知道了这一情况，谣言反而越抹越黑。

于是，公众振振有词地反问："如果你真是无辜的，为什么要百般为自己狡辩呢？"听到这些话，这位候选人更加气急败坏，声嘶力竭地在公众面前辩解，谴责谣言的可恶。

结果，人们不但没有拒绝谣言，反而信以为真。更可悲的是，这个人的太太也开始相信谣言了，夫妻之间也丧失了基本的信任。最后，他竞选失败了，从此一蹶不振。

在上面的故事中，这个美国人之所以竞选失败，归咎于他无法掌控情绪，不懂得克制内心的愤怒，结果在竞选策略上连连败退。既然自己被谣言中伤，就别花力气辩解了，愤怒会损害你的形象，也会让你失去理智，做出愚蠢的事情。

无论愤怒、悲伤，还是恐惧、焦虑，都会让人失去理智和幸福，给人生留下无尽的遗憾。请为自己的情绪安装一个"阀门"，需要宣泄时打开阀门，让坏情绪倾泻而出；需要控制时关好阀门，别让坏情绪损害固有的良好形象。

一切美德和成功都来源于自我控制。一个被冲动和激情支配的人必然会失去全部的道德自由，随波逐流，最终成为欲望的奴仆。心理学大师弗洛伊德认为，人的一生都在与本能做斗争。如果不想被不良情绪驱使，必须掌握情绪管理技巧，培养强大的自控力。

任何时候都不要仓促下结论

通过一两件事情就对一个人做出判断，而且口口相传，捕风捉影的结果是"差之毫厘，谬以千里"，这样做只会证明你情商低。

两个人最近联系频繁，出入时成双结对，人们就会断定他们谈恋爱了；一个人出手不够大方，为此落得"铁公鸡"的称号。不仅如此，每个人都会遭遇别人对自己妄下结论，比如"这个人太笨了""他肯定不行"。

推己及人，每个人都不希望被误解，而避免这一切的关键是决策者别轻易下结论。通常，与己无关的事情，最好不要妄下结论。对于一些捕风捉影的事情，更不要随便做出判断。片面的结论，不仅不利于我方信用的建立，而且容易得罪人。

卡尔是一个黑人小孩，从小生活在美国纽约贫民区。虽然黑奴制度早就废除了，但是歧视黑人的观念在美国仍旧根深蒂固。

十几岁的时候，卡尔因为在街上闲逛被警察抓住，而后入狱，受到了非人的虐待。在监狱中，遭受打骂是常有的事。后来，他实在无法忍受，便选择越狱，去当兵了。

在部队里，卡尔苦练拳术，因为他认为只有让自己强大起来，才能不被欺负。黑人身体素质好，卡尔的拳术大有长进。

退伍后，卡尔开始打比赛，一时间风光无限。他获得了一个又一个冠军，成了名副其实的拳王。本来应该过上安稳富裕的日子了，卡尔却再次遭遇了牢狱之灾。

卡尔被腐败的警察诬陷，被判终身监禁，因为他们觉得一个黑人拳王会给社会带来危险。在监狱里，卡尔拒绝穿囚服，因为他不认为自己是有罪之人，结果遭到一顿毒打。

起初，其他狱友都畏惧卡尔，认为他是一个定时炸弹，会随意伤人。然而，相处一段时间后，大家发现卡尔是一个很有爱心的人，而且也很负责，不久大家竟然成了朋友。

当然，生活中有些事情必须做出结论。这时候，我们应该有理有据，从发展的角度看问题。最关键的一点是，做出判断的时候一定避免情绪化，不要仓促下结论。

第一，联系他人的看法，全面看问题。

一个人情绪化的时候容易独断专行，这时候不妨听听别人的意见，然后再做出科学判断。如果自己的结论和别人的判断呈现两种极端，就应该保持理性，尽量抛开主观感觉的参与，别让个人好恶严重地遮蔽了自己的眼睛。

第二，坚持实地考察，不道听途说。

实践是检验真理的唯一标准，对一个人或一件事做出判断，应该注重实际。如果想了解一个人，可以探访一下他周边的人，尤其是最亲近的人。周边的人长久地和他打交道，显然更有发言权。分析某件事的来龙去脉，则需要亲自实践，根据实践结果得出结论，这才是实事求是的做法。

第三，既看过去也看现在，具备纵深思维。

下结论的时候，应该坚持发展的观点。不仅注重当前的状态，还要联系之前的情况，从纵深的角度思考，更容易形成全面、正确的认识。只顾眼前，容易急功近利，那么决策过程就容易出现偏差。

不要做愚蠢的聪明人

人贵有自知之明，如果不知道天高地厚，一味地狂妄自大，就容易招来各种麻烦，最终寸步难行。

有的人很聪明，头脑敏锐，但是说话办事缺乏底线思维，也不懂妥善处置各种禁忌，结果做了许多傻事，到头来聪明反被聪明误。这种人不会控制自己的情志和欲望，说到底就是情商太低。

《三国演义》中，曹操和刘备争夺汉中。面对蜀军的强大攻势，曹操一时难以取胜，进退两难。一天晚上，厨师送来鸡汤。看到碗底的鸡肋，曹操深有感触。恰巧，夏侯惇前来征询夜间的号令，曹操随口说："鸡肋！鸡肋！"于是，夏侯惇把"鸡肋"作为号令传了下去。

行军主簿杨修听到号令以后，让随行军士收拾行装，准备归程。夏侯惇非常吃惊，急忙询问其中的缘由。杨修解释说："鸡肋者，食之无肉，弃之有味。今进不能胜，退恐人笑，在此无益，来日魏王必班师矣。"夏侯惇听了也很信服，于是命令大家打点行李。曹操闻讯后勃然大怒，斥责杨修造谣惑众，扰乱军心，把他杀了。

杨修思维敏捷、聪明能干，但是妄自揣度上司的意图，干了一件愚蠢的事情，结果丢了性命。聪明是一种优势，关键是应该用对地方，否则招来祸害，必然后悔不迭。

在任何地方，都有比你有本事的人。他们为人低调、处事谦逊，赢得了外界的尊重与信任。相反，有的人凭借那点小聪明胡乱作为，因为失去克制而惹火烧身，这种教训是多么惨痛。

老子曾经告诫人们："不自见，故明；不自是，故彰；不自伐，故有功；不自矜，故长。"这句话的大意是，一个人不自我表现，反而显得与众不同；一个人不自以为是，会超出众人；一个人不自夸，会赢得成功；一个人不自负，才能不断进步。

如果你想大展宏图，一定要通人情、明事理，保持谦逊和低调。即便你已经很超群，依然要有自知之明，这样才能平定自负情绪，避免让昨天的骄傲成为明天的耻辱，从而不断超越自我。

一个有才华、有业绩的人，最容易滋生骄傲、自负的情绪。如果不再持续努力，不懂得克制自我，很容易成为井底之蛙，成为他人的笑柄。

自知之明不仅是一种高尚的品德，更是一种高深的智慧。聪明人会因它而看清众人，更能因它而清醒地认识自我，进而在人生之路上不断精进。情商高的人不会自负，更不会拿昨天的骄傲埋葬自己，他们有本事没脾气，真正做到了淡定从容过一生。

心怀不满的人什么都做不好

在我们身边，到处都有抱怨生活的人。他们对很多事情心怀不满，用牢骚表达自己的态度，在宣泄不良情绪中变得更加失落。

因为心怀不满而抱怨，会让一个人丧失理性分析和判断，最终误入歧途。那种无休止的牢骚、呵斥令人厌恶，会打扰一切美好的事物。而一个人失去了平和的心境，就无法安放自己的心灵，做任何事情都不得要领，到头来什么也干不好。

读大学的时候，杰克在学校中就是风云人物，一时间出尽了风头。毕业后不久，他就找到了工作。等到正式上班的时候，依然保持着学生时代那份高傲的心气。

一开始，杰克在工作中处理各种杂事，有点儿像秘书，同事都称其为"助理"。这个词让他感到很难受。更令他无法接受的是，一些普通员工也指挥他打杂。结果，强烈的失落感让杰克彻底丧失了工作激情，也对职业产生了怀疑。

尽管心有不满，但是杰克提醒自己，要谦虚谨慎，认真对待工作。然而时间一长，他仍旧会有些情绪失控，常常被同事的话语激怒，甚至与对方争吵起来。

有一次，秘书请假了，杰克被指派到经理办公室整理文件。过了一会，经理让杰克帮忙煮一杯咖啡。显然，这种打杂的事情无法让人感到兴奋。经理瞬间看出了杰克心中的不满，和蔼地说："是不是感觉打杂没意思？我相信你很有才华，但是年轻人必须从头做起，踏实走好每一步。"

接着,经理示意杰克坐到椅子上,两个人开始聊天。"年轻人,这个世界上不只你一个人心情不好,每个人都有发脾气的时候。"随后,经理把桌子上的一盆沙子推到杰克面前,然后伸手抓了一把沙子。接着,他握紧拳头,沙子从指缝间滑落,寂静无声。

最后,经理深有感触地说:"心怀不满的人,找不到一把合适的椅子。当你情绪低落的时候,要学会放手。无法抓住的东西就像这些沙子,终究会离你而去。"

原来,经理办公桌上的沙子是用来消解不良情绪的。他非常清楚,一个人只有先学会管理自己的情绪,才会管理好其他东西。一个人总是抱怨、牢骚满腹,显然无法处理好当下的事务。

心怀不满的时候,如何远离抱怨呢?怎样调整心态,积极接纳身边的人和事呢?对每个人来说,与生活和解确实是一种智慧。

第一,让自己安静下来,整理思绪。

妥善处理好各种事情,必须让心静下来,别让负面情绪干扰理性判断。总是抱怨生活不公,总是诉说工作无聊,会失去自省的机会,无助于改进工作方法。冷静之后整理思绪,才能发现问题的症结,找到改进之法。

第二,调整心态,看问题就会不一样。

心境变了,人们看问题的角度、视野都会随之发生改变。一个人少了自省心,就会抱怨这个世界。调整一下心态,你会有令人惊喜的发现,从而与周围的一切和解。

避免凡事与人争论高低

在与人相处时,总是不可避免地发生摩擦。而当双方观点不一致,产生巨大分歧时,如何解决分歧,是检验一个人社交能力高低的重要尺度。情商高的人处理人际关系总是显得游刃有余,他们会采取不争论的方式。

本杰明·富兰克林说:"你越是爱抬杠、爱反驳,你就离成功越远,偶尔的获胜也只是空洞的胜利,你永远得不到对方的好感。"因此,争论之前一定要静下心来想一想,你是要字面上的、表面上的胜利,还是获取对方的好感。尽管你能占据所有的制高点,但要想在争论中改变对方的想法,则一切努力都将是徒劳。

有一天晚上,卡耐基受邀参加某宴会,宴席中一位先生讲了一个故事,并引用了一句颇有深意的话,并说那句话出自《圣经》。当他说完的那一刻,在场的很多人都意识到他错了,但很多人为了顾及场面都没有当众指出。

为了表现优越感,卡耐基就很不知趣地指出他错了。但对方听了非但没有承认,还反唇相讥:"什么?出自莎士比亚?不可能,那句话肯定出自《圣经》,我昨天还看到过呢!"

卡耐基的朋友弗兰克·格蒙坐在旁边,他对莎士比亚颇有研究。于是,争执的双方都同意向他请教。格蒙对卡耐基说:"戴尔,这位先生说的没错,那句话的确出自《圣经》。"听到这里,卡耐基有些摸不着头脑了,难道自己真的错了吗?

回家的路上,卡耐基对格蒙说:"弗兰克,你明明知道那句话出自莎士比亚,为什么要故意欺骗他呢?"

"是的，那句话出自哈姆雷特第五幕第二场。但是，亲爱的戴尔，我们是宴会上的客人，为什么要当众指明他错了呢？这样对你对他都没有好处，为什么不给对方留点儿面子？他并没有向你询问意见，也不需要你的意见，所以不较劲是最稳妥的做法。"

格蒙的话久久地留在卡耐基的心中，一直难以忘怀。这次经历让他得到了一个极为有价值的教训，那就是避免凡事与人争论高低。

情商高的人不会和对方争论，那样做不仅伤了和气，还往往使对方与你抗争到底，顽固坚持自己的观点。沟通的目的是实现我方的意图，让对方放弃自己的观点，为什么要通过争论这种不恰当的方式进行呢？

意见不一致的情况时有发生，具体分为两类：一类是与自己毫不相关的情况。比如，几个人闲谈时说起拿破仑是英国人，这是一个再明显不过的错误，这时候你可以讲究一点策略，暗地里提醒对方；如果对方坚持不认错，你也不必太放在心上，更没必要继续与之争论。因为你永远争论不过一个装糊涂的人。针锋相对地与人对抗，无论结果如何，对方一定会失去面子，而你也将永远被仇视。第二类是与自己切身相关的情况。这时候的不争论绝对不是放弃个人主见，而是通过这种方式避免冲突，等到时机成熟的时候再展示我方的观点，或者用事实证明你的正确性。

无法避免和对方产生正面冲突，是许多人在人际交往中的心理障碍。天底下只有一种方式能在争论中获胜，那就是不争论。避免争论，就像躲避地震和洪水一样，离它越远越好。如果输了，那就输了，没什么值得沮丧的，本来我们也没失去什么。

此外，我们还要注意避免因为争辩而忘了说话的目的。在日常交流中，说话比较随便，天南海北都可以聊，显得自由随性。但是，在一些关键场合要时刻保持警惕，别陷入争执的误区。

比如，谈判是正式场合的沟通和交流，从现场气氛到说话方式都要求正规、严谨。更重要的是，谈判有更强的目的性，双方是为了达成特定的目标而坐下来对话。因此，谈判从一开始就有强烈的设计感，每一次提问，每一个回答，都目的明确。

然而，许多人因为争辩丧失理智，变得冲动起来，乃至忘记了谈判的目的，这是明显的失误。为了争利颐指气使，很容易掉进对方的陷阱，到头来损失更大。由此看来，内心淡定、冷静理智的人更适合从事谈判活动。

为了避免采用极端的方式解决问题，人们坐到谈判桌前，商讨各方都能接受的条件，寻求合作机会。说到底，谈判是互相妥协的过程。作为谈判代表，万万不可与对方陷入争执，最后情绪失控，让局面不可收拾。

在谈判中左右逢源，始终处于有利的地位，必须把握好对方的心理诉求，以及谈判的进程走到了哪一步。谈判高手时刻懂得"进可攻，退可守"，并善于变换沟通策略和说话方式，推进谈判目标的实现，在多方利益的博弈中闪转腾挪，最终达成合作。

别在失意者面前扬扬得意

在失意者面前谈论自己的得意之事,是情商低的表现。你口无遮拦地炫耀时,说话不经过大脑,完全不顾听者正在失意之中,这样做事不近人情,也不通事理。只顾谈论自己的得意,却不想此时有人正失意。在失意者看来,你的所作所为就是故意的,是幸灾乐祸。除了惹恼对方,还可能埋下仇恨的种子,矛盾就这样潜伏下来了。

情商高的人懂得察言观色,开口之前照顾对方的情绪和感受。有人欢喜有人愁,如果不注意周围环境的变化,以及身边人的感受,很容易伤害到他人。尽管你是无心之失,但是事前不懂得考虑周详,本身就有失察之责。

张昊是一个热心人,平时喜欢帮助朋友处理各种难题。最近,好友王凯因为经营不善,关闭了公司,妻子也因为不堪生活压力,正与他谈离婚的事。内外交困之下,王凯痛苦极了。

周末,张昊约上几个朋友到家里吃饭,自然少不了王凯。大家彼此都很熟识,聚到一起主要是沟通感情,并借着热闹的气氛让王凯放松心情。

前来聚餐的朋友都知道王凯目前的遭遇,所以大家都避免谈论与事业、挣钱有关的话题。然而,一位朋友上半年赚了很多钱,几杯酒下肚,他就忍不住谈论自己赚钱的本领,以及花钱的功夫。

虽然张昊多次使眼色,提醒这位朋友终止话题,但是对方根本不理会,那得意的神情让在场的人都感觉不舒服。自然,王凯心里最难过。他低头不语,脸色变得非常难看。后来,王凯一会儿去厕所,一会儿去洗脸,后来实在待不下去了，干脆提早离开了。

俄国科学家巴甫洛夫告诫世人："决不要陷于骄傲。因为一骄傲，你们就会在应该同意的场合固执起来；因为一骄傲，你们就会拒绝别人的忠告和友谊的帮助；因为一骄傲，你们就会丧失客观方面的准绳。"

谁都会经历人生的低谷，遇到不如意的窘境。这时候，在失意的人面前炫耀自己的得意之处，无异于把针一根根地插在别人心上。从任何角度看，这么做都是残忍的。从建立融洽关系的角度看，你口无遮拦炫耀个人荣耀，也是不可取的。

情商高的人内心平静，不需要炫耀成绩、标榜自我，他们懂得谦卑做人、低调处事，因此走到任何地方都不会与人结怨、结仇。当然，失意者一旦东山再起，情商高的人也不会听到对方的抱怨，不会受到对方的报复。

人总是有嫉妒心的，在失意者面前表现你的得意，会引起对方反感，甚至招来日后的报复。不在失意者面前谈论你的得意之处，这是替他人着想的友善之举。你照顾了别人的感受，让对方有面子，自然容易维持良好的人际关系。

第三辑　情绪练习
增强心理韧性是可以学习和掌握的技能

安东尼·罗宾说过:"你有什么样的感觉,你就有什么样的生活。"悲观的人,先被自己打败,然后才被生活打败;乐观的人,先战胜自己,然后才战胜生活。这就是情绪的威力。

人与人之间的沟通,70%是情绪,30%是内容。在不同的场合,学会正确管理自己的情绪,并理解他人的情绪,可以让你顺风顺水;而错误表达自己的情绪,忽视甚至误解他人的情绪,则会让你抓狂。高效能人士利用一切机会增强心理韧性,活出充满诗意的人生。

第11章 情绪与健康：
70%的疾病都是"情绪病"

每天，不良情绪都会乘虚而入，损害我们的心智和健康。时刻保持好心情，不让负面情绪上身，才能保持良好的心境，与健康为伴，与快乐为伍。

情绪影响人的身体机能

每个人都渴望拥有幸福的人生，渴望快乐地过好每一天，并追求健康长寿。为此，注重饮食，提升生活品质，关心天气变化等，就成了人们日常生活的主题。不可否认，这些做法都值得关注。但是，有一个非常重要的隐形因素往往被忽略，那就是情绪。

积极、愉悦的情绪让人心情开朗，有利于身体健康；消极、忧虑的情绪让人烦闷失落，会影响人体机能，损害健康。甚至有人说，"忧虑"是影响人类长寿的克星。

生活中，很多人因为过度忧虑及情感冲突而精神崩溃，他们生活在一个悲观消极的世界里，情绪不稳定，进而产生了严重的心理问题。但是，周围的人却没有太注意他们的变化，这样的人怎么能有健康的身心呢？

法国著名哲学家蒙田，在被家乡人民推举为市长时说："我们用双手去处理烦人的日常工作，但注意不要让工作影响到肝、肺、血液。"人们因生活中的烦心事产生不良情绪，然后引发疾病，影响到身体健康，这种教训太深刻了。

美国南北战争中，格兰特将军打败了李将军的部队。李将军烧毁了棉花和烟草仓库，也点燃了兵工厂，然后弃城而逃。虽然取得了胜利，但是格兰特却感到剧烈的头痛，并且产生了眼疾，最后不得不离队休息。

后来，格兰特在农户家里过了一夜，用冰冷的芥末水泡脚，还把芥末药膏贴在两个手腕和后颈上。第二天，他居然康复了。不过，这并非芥末的功劳，而是李将军的投降书。当时，头疼不止的格兰特看了李将军的投降书，立刻身心放松，头也就不疼了。

早在中世纪，欧洲的医生已经意识到了生物化学和人的性情之间存在联系。他们认为，人类的性格与其体液有关，血液、黏液、胆汁（黄胆汁）和抑郁液（黑胆汁）这四种体液保持平衡，人体才会健康。今天，人们已经明确知道情绪对身体内环境的强大影响力，比如关节炎、风湿病、胃溃疡等疾病，与长期精神紧张有莫大关系。

爱德华·波多尔斯基博士写过《除忧去病》一书，其中描写了忧虑所产生的一系列疾病，如头疼、感冒、高血压、心脏病等。这提醒人们，为了保持身体健康，务必要放下烦恼，做到内心愉悦。

负面情绪对人体健康十分有害。科学家研究发现，经常发怒和充满敌意的人很容易患上心脏病。哈佛大学曾经调查了1600名心脏病患者，发现他们当中经常焦虑、抑郁和脾气暴躁者比普通人高3倍。一家研究机构追踪122名心脏病患者8年，结果发现最悲观的25人中，有21人死亡；最乐观的25人中，有6人死亡。

美国梅育诊所的法瑞苏博士认为："胃溃疡通常随着情绪紧张的程度而发作或消失。"在研究了梅育诊所1.5万名胃病患者的记录之后，这一观点得到了证实。有五分之四的病人得胃病并不是生理因素导致的，而是恐惧、忧虑、憎恨、极端的自私，以及对现实生活的无法适应等负面的情绪造成的。根据《生活》杂志的报道，胃溃疡现居死亡原因名单的第10位。

此外，梅育诊所的哈罗·海彬博士在全美工业界医师协会的年会上宣读过一篇论文，讲述他研究176位平均年龄在44.3岁的企业管理者得出的结论。其中大约有三分之一的人由于生活过度紧张引起心脏病、消化系统溃疡或高血压等病症。想想看，他们的年龄还不到45岁，就患上心脏病、溃疡和高血压，成功的代价竟然如此之高。

没有什么会比忧虑更能使女人加速衰老，摧毁美丽的容颜。忧虑会使我们的表情纠结、紧咬牙关、皱纹横生、愁眉苦脸、头发灰白，甚至头发脱落。忧虑还会让脸上出现雀斑、溃烂和粉刺，引起皮肤问题。

一个人能赢得全世界，却损失了自己的健康，这真的算是成功吗？对个人来说，即使拥有全世界又能怎样，睡觉也只能躺在一张床上，每天也只能吃三顿饭。就连修水道的工人也能做到这些，甚至可能比一个位高权重、身家过亿的企业家睡得更安稳，吃得更香。

除了影响身体健康，情绪还会左右人们的判断能力、想象能力、运动能力。在竞技比赛中，由于紧张、焦虑影响水平发挥，最后遗憾而归，这样的例子数不胜数。反之，一个人心情好、状态佳，做事的时候就会水到渠成，不容易出差错，这都是情绪作用的结果。

现代医学已经消除了许多由细菌引起的疾病，比如天花、霍乱等曾把数以百万计的人埋进坟墓的传染病。然而医学界对那些由情绪上的忧虑、恐惧、憎恨、烦躁以及绝望等非细菌所引起的病症却束手无措。这种情绪性疾病所引起的灾难正日益加重，日渐广泛，而且速度快得惊人。

人们因为忧心考试能否取得好成绩，能否顺利完成任务，或者害怕过程中出现偏差，而产生消极情绪，神经高度紧张，最终导致身体出现各种问题。对此，威利·卡瑞尔博士曾经说过："在现代城市的混乱中，只有能保持内心平静的人才不会变成神经病。"

每个人都应该远离"情绪病"

情绪是人体受到外界刺激产生的一种反应，在心理上、精神上引起特定的感受和变化。通常，这种反馈是相互的，情绪产生以后也会对人体产生各种影响，包括多种疾病的形成。

经验表明，人们心情不畅时，身体健康就会受到影响，产生各种不适症状。那些多愁善感的人更容易生病，归根到底都是情绪惹的祸。《红楼梦》中，林黛玉郁郁而终，与她的忧郁心理有很大关系。

医学研究已经证明，消极情绪会对身心健康产生不良影响。医生经常借助自己亲自诊治过的病例，将情绪对人身体的影响告诉大家，这一做法日益受到欢迎。

保罗·怀特博士是20世纪50年代美国心脏病领域中的杰出代表，他最早提出了情绪对健康的影响，并提醒大家保持心情舒畅，避免疾病上身。

早年，怀特博士接诊过一位女患者，她是一位年轻的母亲，孩子尚未成年，丈夫是一个无业游民，经常酗酒。后来，这位女性患上了严重的风湿热，以至于每天躺在床上不能动弹。最后，医生给出结论：她的病情非常严重了，或许只能存活一年。

接触了这位女患者以后，怀特博士也深感忧虑，他认为这位女士身体过度虚弱，再也不能承受一丝打击了。并且，她的疾病与生活惨淡、情绪低落有很大关系。为此，他向这位母亲提出了卧床休息的建议。

然而，这位母亲为了让孩子感到有所依靠，毅然鼓足勇气爬起来做事，支撑起这个家庭。就这样，她凭着自己的信心和毅力，又坚持将两个孩子抚养了8年之久，而后才离开这个世界。

　　一位被医生诊断为只有一年存活期的病人，却神奇地活了8年，其中的秘密就是这位病人生存欲望强大，保持了良好的情绪。保罗·怀特博士说，良好的情绪、强大的意志可以创造属于身体的奇迹，无数事实已经证明了这一点。

　　"女子本弱，为母则刚"，一位患病的母亲为了将孩子抚养长大，具备了强烈的求生欲望。在这种情志的刺激下，她的垂体受到刺激，从而借助于适当的方法令自体内的荷尔蒙达到平衡。人一旦拥有了良好的情绪，就容易凭借振奋人心的自信战胜病魔。

　　保持良好的心境和情绪，人体机能也会处于良好的状态，从而保持身心健康。如果你还在郁郁寡欢，不妨放下一切担忧、烦恼，让心情舒畅起来，许多恼人的疾病自然躲得远远的。

管理压力，拥抱美好人生

有时候，压力是一种动力。但凡事不可过度，过大的压力会影响人的身心健康，还会给生活、事业、学习带来消极影响。懂得控制焦虑情绪，避免因为压力过大而影响正常的生活，坦然与自在才能常伴左右。

很多人都有这样的体会，在陷入烦恼或者不开心的时候，找朋友倾诉一下，心情就会好很多。其实，这是一种释放压力的过程。首先，与人交谈本身就是发泄不良情绪的过程，因为把想法憋在心里，往往非常难受。其次，说出内心的真实想法，别人会给你提出建议，从而得到启发和借鉴，有助于脱离眼前的困境。

因此，有了压力不要憋在心里，需寻求解决之道，学会放下肩头的重担。不论你是平民还是高阶层人士，这个方法都有效。

很久以前，有一个年轻的国王，经常忧心忡忡。有一天，他做了一个非常奇怪的梦，梦见自己的牙齿全掉光了。国王醒来之后很焦虑，认为那个梦预示着一些不好的事情，于是吃不好饭，也无心处理政务了。

王后看着国王的样子十分心疼，于是找来一个释梦者。起初，国王并不想说出梦的内容，但是禁不住王后的哀求，才向这个释梦者描述自己的梦境。释梦者听完国王的诉说，开心说道："陛下，这个梦是一个好兆头啊！您的牙齿一个个掉光，这表示您将比家里的所有人活得都长。"

国王听完之后非常高兴，心情也不再郁闷了。随后，国王赏了释梦者一大笔钱，重新过上了安定平和的生活。

人生充满了各种想象与可能，每天都会有很多不确定、无声的念头在脑海中盘旋。当心头的欲念无法达成，或者与期望相差太远，往往心生失落，乃至变得焦躁、不安。如果某些不切实际的想法无法抚平，难免生出一些莫名的压力，让情绪变得更糟。

　　把内心的压力释放出来，就是清理的过程。心理学家建议，你如果短时间内无法找到合适的人倾诉，就找一面镜子，对着镜子里的自己说话。通过这种自我对话的方式，可以及时清理脑海中不合理、不合逻辑的思绪，让内心变得轻松自在。

　　当你把一件小事看得很重要的时候，可以对自己说："这件事既不复杂也不重要，不用天天想着。"对某件事情充满疑虑的时候，你可以说："情况还没搞清楚，不必着急，等问清了原委再说吧！"

　　千万不要以为这些自言自语的话没用，只要你把内心的想法倾泻出来，就能及时剔除各种负面思想，在释放焦虑情绪的同时增加自信。一个人心情舒畅了，自然会对未来充满希望。

　　研究表明，言语对身心有很大的安抚作用。从这个角度来看，把压力说出来是一个值得赞同和鼓励的好习惯。就像脸上时常保持笑容，心情就不会太坏一样。

情绪障碍引发心理抑郁

抑郁症像感冒一样常见，每个人都可能中招。如果你身边的朋友出现抑郁的症状，一定要留心，及时伸出援手。

与其他负面情绪相比，抑郁症是一种更为强烈和持久的复合情绪，主要体验为内心痛苦，并根据不同情况诱发愤怒、悲伤、忧愁、羞愧与负罪感。它的产生主要与情绪障碍有关。

情绪障碍也称"情感障碍"或"心境障碍"，是指正常情感反应的夸张、混乱和减退。也就是说，当事人的情感反应出现偏差，脱离了正常心理运行的轨道。具体来说，如果情感反应程度过于强烈、持续时间过于持久或者与所处的环境不符，那么就可以断定患有抑郁症。

通常，患有抑郁症的人情绪低沉、意志消极，他们对人对己有极其负面的认知，其核心想法是"我是无能的，不可爱的，也不值得被爱，感到无助和挫败"。

第一，抑郁症的核心情绪是痛苦和忧伤。

患有抑郁症的人感觉痛苦，并陷入忧伤情绪，而潜藏在背后的诱因是"丢失"。通常，任何引起严重"失落感"的人和事，都有可能加深抑郁症患者的痛感。比如，失去亲人、失恋、丢掉工作等都是构成痛苦和忧郁的重要原因。"丢失"背后的心理逻辑是，当事人已有的荣誉、尊严、财富被剥夺，因为无法接受眼前的事实而懊恼和痛苦。

第二，抑郁的人伴随着强烈的焦虑情绪。

一个人因为失去某些东西陷入痛苦和忧伤，如果无法在心理上进行调节，通常会因为挫败感陷入焦虑，抑郁也会随之而来。在心理学上，焦虑往往是对不确定性的恐惧，而抑郁是源于绝望和无助。适当的焦虑情绪可以激发当事人采取行动，改变现状；但是，抑郁情绪给人的感觉像陷入了无法自拔的泥潭，让人看不到希望。

第三，抑郁令人孤独，治愈策略是与人连接。

人们感冒、发烧以后会去医院看病，但是对于心理上的抑郁症状却习惯隐藏起来，进而产生强烈的孤独感。抑郁症发展到一定程度，会影响到饮食起居、学习工作和人际关系，此时必须向外界求助，与亲戚、朋友、医生发生连接，摆脱眼前的孤绝状态。

第四，如果你经常感觉无助，一定要小心。

生活中，一个人如果经常处于无助的状态，就容易抑郁。有的人缺乏自信，感觉一无是处，同时又渴望有所作为，他们长期处于无望无助的状态，容易患上抑郁症。保持良好的人际关系，及时化解内心的紧张情绪，自然容易远离抑郁症。

如果你感到抑郁，不要责怪自己，也不要认为世界是灰暗的。生活已经够艰难了，请善待自己，维护好内心的健康。每种情绪都有特定的意义，心情抑郁的时候停下来，认真思索人生，才容易安然度过生命成长的必经阶段。

肠胃焦虑究竟是怎么回事

不知道你是否注意过，生活中那些愁容满面的人容易胃痛。有时候，我们会因为一件事情忧心忡忡，以至于吃饭的时候没有一点儿胃口。研究表明，人体肠胃功能运行情况与情绪密切相关。

一个人情绪良好，往往食欲大振，肠胃活动旺盛；反之，一个人遇到不开心的事，常常没有胃口，肠胃功能也容易紊乱。情绪变化会让人体器官产生反应，其中肠胃对情绪的反应最敏感。

凯恩在一家大型贸易公司任职，最近犯了胃疼的毛病，周末他去医院就诊。医生经过耐心诊治，得知他是因为压力大患上了情绪诱发症。

原来，凯恩在公司负责贸易谈判工作，与其他贸易公司竞争来自法国的一笔大单。谈判工作并不顺利，凯恩承受着巨大的压力，医生说胃疼与情绪紧张密切相关。此外，来自家庭的烦恼也让凯恩陷入焦虑。儿子经常旷课，老师频频打来电话，这些问题都相当棘手，内忧外患之下，凯恩每次想到这些烦心事就胃疼不止。

随后，医生开了一些药，让凯恩回家注意休息。然而过了一周，胃疼的毛病并没有好转，其实是因为他的心病没能得到根治。谈判陷入胶着状态以后，客户提出到郊外放松一下，凯恩答应随行。

客户非常喜欢钓鱼，这与凯恩不谋而合。在郊外幽静的河边，他彻底放松了身心，暂时忘记了恼人的谈判和调皮的儿子。这一天似乎过得很漫长，令凯恩惊喜的是胃疼的症状减轻了许多。

此后，无论工作多么繁忙，凯恩都抽出时间到郊外钓鱼，缓解疲惫和压力。这种宁静休闲的生活能让人彻底放松神经，忘却一切烦恼，对那些在大都市忙碌的人来说，不失为一种解压的好方法。

由此可见，肠胃忠实地反映着我们的情绪变化。如果你想拥有健康的体魄，首先要确保肠胃功能正常运行，因为饮食为我们提供了人体活动所需的能量。遇到不开心的事，一定要学会调节自己的情绪，避免给肠胃造成不必要的负担。

民以食为天，无论工作多么繁忙，还有比吃饭更重要的事情吗？不要被烦恼缠绕，让肠胃保持健康，开开心心吃饭，你才有力量解决问题，不断超越自我。

人的情绪是引发胃病的根源。因此，不要将心理上的负担强加给你的胃。吃饭没有胃口的时候，请学会调节情绪，保持心情舒畅，这样做能有效缓解肠胃焦虑。人生所有烦恼都可以通过一顿可口的饭菜解决掉，如果一顿不行就两顿。

生命无常,请别辜负好时光

生命无常,上帝难免会误伤好人,但是贵在有人懂得珍惜。不知道从什么时候开始,很多东西和以前不一样了,面对这些变化和不如意,有智慧的人选择包容和理解,给悲伤的日子涂抹上欢喜的色调,于是原本脆弱的心也变得强大。

或许昨天你还看到一张鲜活的笑脸,但是今天他就可能陷入伤感的状态。人生充满了偶然性,但是总有一些美好的事情令人振奋、期待。所以,面对那些令人难过的事情和局面,请倍加珍惜眼前的好时光。

菲比是一个小说家,从小就喜欢写作,大学读的也是文学专业。凭借文学方面极高的领悟力和想象力,她年纪轻轻就出版了两部小说,并且非常畅销。然而谁也没有想到,菲比进行体检的时候被查出患上了脑瘤。

起初,菲比单纯地以为这是一个小手术,只要把肿瘤切除就能恢复健康。后来,得知脑瘤的危险性比一般的癌症还要大,她仍然被吓到了。然而,菲比很快调整好情绪,开始乐观地面对一切。

她积极配合医生进行治疗,做好了承受各种痛苦的准备。化疗的时候,头发几乎都掉光了,这对一个女孩子来说是莫大的打击。但是,菲比看起来非常积极乐观,并没有消极避世。没有了真头发,她就买各种各样的假发,还开心地对大家说,自己终于可以天天换发型了。

生活中,菲比坚持与朋友们聚会、郊游,珍惜每一次与大家相处的机会。当然,她也没有放弃自己的爱好——写小说,还用文字把自己的这段经历记录下来。在日记中,她详细描述了每天发生的事情,并感恩生命给予的爱。

与那些在痛苦中消沉的人不同,菲比没有埋怨上帝为何让自己生病,她享受着眼前的每一分、每一秒。她说,如果不是因为脑瘤,她可能不会意识到朋友和家人的重要性,也不会有这么好的题材去写小说。

菲比终究离开了这个世界,但是她没有留下遗憾和痛苦。她微笑着与这个世界告别,在家人和朋友的陪伴下度过了余生,给大家留下了一本充满欢乐和力量的小说。

菲比展示出了可贵的乐观精神,并以此影响了身边的朋友。她的文字长久地保存了下来,给更多人带来了思考和启发。人不能沉浸在生命无常的宿命论中,而要感受生命的美好,这是菲比的精神遗产。

生命中不会总是晴空万里,也会有阴云密布的日子。懂得珍惜与感恩的人不会陷入悲伤,他们永远对生活充满信心。

经常会有人抑郁满怀地走在校园里、大街上,常常听到有些失恋的朋友说再也不相信爱情,更多的人则会被忧伤操控,无法打起精神将坏日子过好。

成熟的人不让阴霾阻挡阳光,他们能看到生活中艰辛的一面,也懂得珍惜眼前的每一分每一秒。所谓"忧伤",不过是消极面对生活的一种感受,认真而努力地活着,感谢每一个或阴或晴的日子,不辜负天赐的好时光。

第12章 情绪与家庭：
别把最差的脾气，给了最亲近的人

家庭幸福与财富无关，它关乎情商，情商与我们的情绪管理紧密相连。生活中，妈妈和爸爸要有好情绪，这是家庭和睦的基础。对孩子来说，来自原生家庭的幸福感越强，其童年越快乐，成长越顺利。

原生家庭对人的影响有多大

每个人都离不开原生家庭的影响。你从小跟随父母成长，家庭气氛、生活习惯等都会影响到你的价值观、个性、心理。

当你考试成绩不理想时，如果父母气愤地责骂"笨蛋""傻瓜"，那么你就容易丧失进取心和自信心，甚至会自暴自弃。长此以往，原生家庭的负面元素会深入到你的骨子里，有可能日后还会被带到新家庭里。

教育家陶行知曾经提醒教师："在你的教鞭下有瓦特，在你的冷眼里有牛顿，在你的讥笑中有爱迪生。"同理，孩子在家庭教育中也会感受到父母的心理预期，接受父母特定人格模型的塑造。

了解一个人的脾气秉性，最好的方法是接触一下他的父母，到原生家庭中看一看，那里藏着一个人所有的心理秘密。

李泽楷读小学的时候，有一次没有完成老师布置的作业，结果被批评。但是，李泽楷认为自己没有过错，还理直气壮地顶撞老师。一气之下，老师当着同学的面惩罚了他。

回到家以后，李泽楷十分难过，不愿意继续读书。后来，妈妈仔细询问缘由，他才说出了实情。父亲李嘉诚没有责怪儿子，耐心地问道："老师为什么批评你？"李泽楷一脸无辜地说："因为我没交作业。"

李嘉诚接着问："你为什么不想上学了？"李泽楷回答："老师在全班同学面前批评我，我担心被同学耻笑。"

听到这里，李嘉诚不再说什么，随后带着儿子来到报摊前。只见摊主的小女儿一边卖报纸一边写作业，非常刻苦认真。李嘉诚说："你看，这个小女孩没有漂亮的房子，没有舒适的桌椅，但是她仍然认真完成老师留下的作业。你应该怎么做呢？"

李泽楷似乎明白了什么，抬起头对李嘉诚说："爸爸，我应该把作业写完，然后向老师道歉，并保证以后一定按时交作业。"听到这里，李嘉诚微笑着点点头。

孩子做错了事情，李嘉诚没有生气，也没有指责儿子。他让孩子亲眼看看身边的同龄人在做什么，引导孩子意识到自己的职责是什么，应该怎么做。这种平和的教育方法让孩子学会理性思考，有利于他们培养正确的认知。

生活中，很多父母控制不住自己的情绪，在教育孩子这件事上成为"穿西装的野人"。每次发现孩子的错误，他们不分青红皂白，用粗暴的话语指责孩子，给幼小的心灵带来严重伤害。父母脾气差，容易导致暴力教育，这不仅不会让孩子变得顺从，反而激起他们的叛逆心，甚至走向消沉和堕落。

原生家庭不友好，无法让孩子感受到关爱和理解，也无法提供良好的沟通氛围，孩子就容易变得偏激、自私、情绪化，心理成长与个人发展受到严重影响。

在我们身边，那些不良少年都不是无缘无故产生的，在他们背后往往有一个糟糕的原生家庭，以及差劲的父母。给予孩子更多爱、理解和帮助，他们才能成长为更优秀的人。为此，我们要给予孩子积极的期望，用积极的情绪感染他们。

第一，给予孩子真诚的鼓励。

赞扬和鼓励孩子，让孩子培养进取心。看到孩子取得了进步，父母要给予真诚的鼓励，引导他们超越自我，变得越来越优秀。

第二，对孩子的期望要合理。

对孩子的期望宜在他努力可及的范围内，避免让他对未来丧失信心，对学习失去兴趣。成长和进步是一点一滴积累起来的，父母要帮助孩子在点滴进步中完成华丽转身。

第三，孩子犯错并不可怕。

允许孩子适当犯错，但是要下不为例。不要因为孩子失败或做错事，就给他戴上能力不行、懒惰等标签。让孩子在犯错中成长和进步，是家庭教育的重要内容。

请给孩子爱的教育

一个人产生不同的情绪体验，很大程度上是因为受到周围人群的影响。在特定的群际关系中，人们会成为组织、团队、群体的一分子，产生特定的价值认同、心理认同，也在情绪上被这种特殊的环境左右。

在这个世界上，没有人能够完全脱离环境的影响。同事受到批评，你会产生担忧；邻里关系紧张，你很难有好心情……群际关系左右人的情绪变化，甚至这种体验会成为个体自我心理的一部分。

春天来了，树木发芽了，小草也开始变绿。然而，小城的贫民区没有任何变化。走在街道上，看不到一丝生气，感受到的只是嘈杂和混乱。

孩子们穿上漂亮的新衣服去上学，唯独住在贫民区的一个小姑娘还穿着破旧的衬衫，因为她只有一件衣服。

这个小姑娘学习成绩很好，但是看上去太邋遢了，头发乱糟糟的，衣服从来没有换过。老师看不下去了，给她买了一件漂亮的红色连衣裙。接过礼物的那一刻，小姑娘高兴得脸颊都红了。

第二天，小姑娘穿着漂亮的红裙子来到学校，头发梳得整整齐齐，脸也洗得干干净净。丑小鸭一夜之间变成了小公主，同学们羡慕不已。她高兴地对老师说："妈妈看我的红裙子，高兴极了。爸爸出门找工作了，晚上一定会感到惊喜。"

果然，爸爸晚上回家看到女儿的打扮，立刻惊呆了。吃晚饭的时候，爸爸忽然发现餐桌上铺了一块花布。妈妈说："又脏又乱的屋子怎能配得上我们漂亮的小心肝呢？我要用最美的花布搭配漂亮的小公主。"

晚饭后，妈妈认真地擦洗地板，爸爸不声不响地到院子里修理栅栏。奇迹就这样发生了，全家人都忙碌起来，心里有说不出的高兴。

过了几天，一家人开始重新粉刷房屋，原来又脏又乱的屋子变得干净整洁了。周围的邻居看到这一幕，也开始用心收拾屋子。不久，政府接受建议，开始帮助贫民区的居民完善规划。几个月后，小城贫民区发生了令人惊叹的巨变，好像那个第一次穿上裙子的小姑娘一样美丽。

任何一个人，每时每刻都生活在他人的影响之下。从出生那一刻开始，接受父母的养育；到学校读书，与老师和同学朝夕相处；参加工作以后，每天与同事、客户打交道。显然，人生的喜怒哀乐都与不同的人际关系密切相关。

研究表明，一个人的认知、情感受到群际关系的影响，而特定的群际情绪会调节个体的行为。当个体认同某一群体时，就会把群体的观念变成自我的一部分，获得社会和情绪意义。然后，评价与群体有关的事物也会带上特定的情绪色彩。

由此看来，每个人都会创造情绪氛围，并影响他人。意识到这一事实后，我们就不可避免地有了一种责任，即对自己的情绪多加关注，因为你会把特定的情绪和能量传递给他人。

妈妈的情绪决定孩子的未来

如果说爸爸的格局决定了孩子的起点，那么妈妈的情绪就决定了孩子的未来。在家庭里，妈妈保持良好的情绪能够让孩子找到安全感，建立自信心，学会与人融洽相处。尤其是进入青春期以后，孩子开始变得叛逆、不听话，妈妈掌控好情绪，与之有效沟通，才能帮助他们赢得未来。

孩子一天天长大，开始变得叛逆起来：学会顶嘴、无端地发火、不愿意认真说话、给自己的抽屉上锁，等等。对此，爸爸妈妈开始变得紧张。这时候，妈妈扮演了极其重要的角色，选择理解和包容，搞清楚孩子为什么有这些难以理解的举动，才能避免出现对抗局面，培养孩子优秀的情绪掌控力。

果果的叛逆期来了，再也不肯听父母的话，而且脾气暴躁，只要是看不顺眼的东西拿起来就摔。爸爸和妈妈曾经说过他几次，但是没有任何效果。

一天晚上，果果随便吃了口饭就回卧室了。妈妈看出孩子好像有心事，准备聊聊天，没想到房门被反锁了。妈妈没有敲门，觉得孩子之所以这样做，说明他不想与人交谈，想一个人安静一会儿。

第二天，果果起床后，打开房门看到门口放着一封信，拿起来仔细一看，竟然是妈妈写的。

"亲爱的孩子：我和你爸爸了解到你目前遇到了一些挫折。虽然你不愿意告诉我们，但是我们感觉到了。我想告诉你，不管遇到什么困难，也不管你做出什么决定，爸爸妈妈永远支持你。妈妈相信，不管困难有多大，你都有能力处理好。如果你觉得心情糟糕，需要找人倾诉，你可以和爸爸妈妈说。我们永远是你的听众，咱们是一家人，风雨同舟！"

果果看完这封信，非常感动。爸爸和妈妈非常理解自己，这让果果觉得心里暖暖的。从那以后，果果总会不定期地接到妈妈的来信。在信中，他们说了很多悄悄话。果果的叛逆心理渐渐平复了很多，他变得更爱笑了，也愿意和爸爸妈妈沟通了。

孩子遭遇挫折，出现反常状况以后，最需要爸爸妈妈给予理解。在上面的故事中，果果的妈妈处理得非常好，她并没有被孩子的坏情绪影响，而是选择了一种最贴心的方式——写信，向孩子表达了理解和宽容，从而有效地化解了儿子的叛逆情绪。

生活中，很多父母的确应该反省一下自己的教育方式。孩子产生叛逆心理，只是他们自己的问题吗？与父母的教育方式无关吗？对孩子而言，父母的不理解才是孩子真正的痛。

第一，面对叛逆的孩子必须冷静。

面对孩子的叛逆表现，爸爸妈妈需要保持冷静，不能被孩子的情绪感染，也变得焦躁起来。孩子正处于懵懵懂懂的敏感时期，多愁善感一些在所难免，一定要理解孩子，保持理智，想出好办法帮助孩子尽快摆脱坏心情。

第二，换位思考，尽量体会孩子的感受。

青春期的孩子会做出很多荒唐事，对此，爸爸妈妈要给予最大的理解和包容。谁都有过不懂事的时刻，做过一些荒唐事。爸爸妈妈要站在孩子的角度考虑问题，理解他们的情绪和感受，才能进行有效沟通。

第三，多反思自己的教育方式。

孩子不听话，做出过火的举动，最大的责任人就是父母。聪明的爸爸妈妈善于反省自己的言行，检查自己的教育方式是否太激进，有哪些地方做得不妥当。通过反思，找到改进亲子关系的方法，就容易建立互信，敞开心扉。

第四，为孩子提供宽松、自由的家庭氛围。

孩子健康成长离不开良好的家庭氛围。作为孩子的监护人，父母做什么、说什么，在很大程度上影响孩子的习惯养成、性格塑造、思维训练等。妈妈保持平和的情绪，与爸爸建立融洽的关系，就容易为孩子营造宽松、自由的成长环境。

家庭教育的重要职责之一是，别让孩子活在父母的剧本里。在未成年人的世界里，提供帮助而不是试图控制他们，是所有父母应有的格局。显然，如果过分干涉孩子的生活，甚至让他们严格按照父母设定的模式去做，势必限制孩子自由成长。

善于和孩子分享情绪

孩子遇到麻烦或不开心的事,都会有自己的小情绪。这时候,他们尤其需要家人的理解和陪伴,能够分享内心的感受,进而得到帮助。比如,在学校得到表扬,孩子希望家长分享这种快乐;受到委屈的时候,他们渴望得到安慰。

善于分享孩子的情绪体验,家长才能亲近他们,成为他们心目中值得信赖的人。然而,习惯以命令式的口吻教育孩子,甚至千方百计控制孩子,正在成为许多家长的教子之道,这不能不说是一种遗憾。

显然,家长习惯用自己的经验、阅历替代对孩子情绪的了解、分析和判断,结果他们总是得出错误的结论,与孩子的矛盾也与日俱增。忽略孩子的内心感受,这是亲子之间产生抵触情绪、关系疏远的重要原因。时间长了,必将严重影响孩子的心理健康成长。

卡尔有一个富有的爸爸,能享受到最好的物质生活,似乎一切要求都能得到满足。不过,爸爸给卡尔安排了各种各样的课程,从不征询孩子的意见和感受,显得有些霸道。

这一天,卡尔上完补习班回到家里,一言不发地回到自己的房间。妈妈喊他出来吃饭,竟然得不到回声。一连好几天,卡尔都是这个样子,爸爸和妈妈不知道卡尔为什么变得沉默寡言,不禁担忧起来。

过了几天,爸爸接到补习班老师的电话,说孩子已经好久没来上课了。到了晚上,卡尔按时回到家,爸爸走过来严厉地责问他为什么不去上补习班。卡尔毫不在乎,只是说自己厌恶学习。随后,爸爸对卡尔大加斥责。

没想到，到了第二天傍晚，卡尔始终没有回家。后来，爸爸到卡尔的房间查看有什么异常，在抽屉里找到了一封信。大致内容是，卡尔从来得不到爸爸的问候，只给物质上的满足，内心感觉很压抑，学习压力无人倾诉。

至此，爸爸幡然悔悟，对自己过去的做法非常懊恼。后来，在老师和同学的帮助下，卡尔被找到了。在以后的日子里，爸爸和妈妈非常注重与卡尔进行情感交流，再忙也会抽出时间说心里话。爸爸学会了站在孩子的立场考虑问题，学会了分享孩子的情绪，一家人变得和睦融洽。

心智尚未成熟之前，孩子缺乏情绪掌控能力，此时家长尤其需要经常与孩子交流，了解他们的感受，以及遇到的麻烦和困难。学会与孩子分享情绪，帮助他们走出困境，不仅是孩子健康成长的需要，也是密切亲子关系的重要方式。

对家长来说，不必恐惧孩子陷入不良情绪中，那不是什么严重的问题；重要的是，你时刻掌握孩子的情绪变化与心理需求，能够及时帮助他们摆脱不良情绪的困扰。当孩子需要帮助的时候，如果家长没有及时给予援手，不仅会损害孩子的心智，也会让他们感觉你不称职。

第一，多站在孩子的立场考虑问题，无论遇到任何问题都加强沟通。其实，沟通就是分享的过程，你与孩子保持平等的身份，自然容易赢得孩子的信任。家长端着架子训诫孩子，最容易让他们产生抵触情绪。如果无法亲近，你又怎么能够相信孩子会说出真心话呢？

第二，在沟通与观察的基础上，说出孩子内心的感受与需求，更容易令其感同身受，得到理解和温暖。家长与孩子平等交流，准确说出孩子的心理诉求，会让他们对你产生信任感、依赖感。有了这个基础，他们自然会主动与你分享内心的情绪体验。

第三，引导孩子摆脱消极心理。如果家长能和孩子有效沟通，在他们遇到困难时帮助其面对和解决，那么孩子就会表现出更多的积极情绪，成为一个乐观的人。反之,如果家长缺乏对孩子精神世界的关注,漠视孩子的消极情绪,或者过度担心、一味指责孩子,那么他们会沉浸在消极情绪里无法自拔。

当孩子产生某些消极情绪时,不要责怪孩子,要让他们感受到来自父母的关心和理解。此外,耐心地告诉孩子产生情绪低落状况是正常、合理的,应给予他们充分的时间表达消极情绪,然后找到积极应对的方法。

第四,告诉孩子不要替坏人保守秘密。今天,孩子面对复杂的社会环境,可能遭受校园欺凌、诱拐、性侵等不可控风险。面对破坏分子的蛊惑,孩子容易迷失自我,甚至遭受侵害也不敢和父母说。为此,我们必须提前教导孩子提防破坏分子的侵害,面对外界任何蛊惑人心的话语,都要及时告诉家人。

总之,家长要牢记一点,不要与孩子的情绪为敌。他们的情绪来得快,也去得快,学会理解和包容孩子的情绪,才能在分享中找到应对之策,帮助孩子解决成长道路上的难题。

第12章 情绪与家庭：
别把最差的脾气，给了最亲近的人

让你所爱的人拥有笑容

生活中，有许多人抱怨："我不想回家，看他（她）那张臭脸。"这里的他（她）大多指的是自己的妻子或丈夫。

没错，工作一天回到家里，谁都想面对一张笑脸，而不是一张愁眉苦脸。可是，"愁眉苦脸"不是一个人造成的；所以，与其逃避、抱怨，不如从一些小事做起，让你所爱的人能够拥有笑容，也让你在回家的时候，能够得到他（她）的"笑脸相迎"。

现实是，我们常常因为一些小事发生口角，然后大吵大闹，让整个家不得安宁。与心爱的人在一起，不必斤斤计较，双方观点冲突的时候，与其义正词严地批评指正，不如巧用幽默，让对方在接受你观点的同时，还能会心一笑。

一天，在看报纸的妻子将报纸递给了丈夫，并指着其中的一篇文章说道："你看看这篇文章，这吸烟的害处有多大。专家都说了，每吸一支烟就要减少六分钟的生命！我看你还是快戒了吧。"

丈夫扫了几眼报纸，然后不屑一顾道："你这才是害我呢。"

妻子不解，坐到丈夫跟前，问道："你这话什么意思？我劝你戒烟是爱惜你的身体，怎么说是害你呢？"

丈夫振振有词道："你看，这报纸后面还说了，不吸烟的人会吸入空气中的烟雾，这比吸烟的人危害还大。你想，我们公司的人可都吸烟，我要是戒了，岂不是要整天吸他们的二手烟，危害更大？我是怕死才吸烟的。"

妻子笑了笑，说道："既然这样的话，那么，以后你买烟的时候，可别忘了给我和女儿各带一包。"

面对丈夫的歪理，妻子不仅不怒，反而变换方法增添沟通的乐趣。想那丈夫听到妻子这样说，一定会被妻子这机智的表达逗得笑出声，心服口服地接受建议。

让你爱的人拥有笑容，除了用幽默代替直白的指责，还要抓住每一个可以让你们发笑的机会，一同感受爱的力量。

一天，丈夫与妻子闲谈时说道："我很喜欢打高尔夫球，以前常常去打，但后来由于你的不允许，我就再也没有去过了。"

妻子不无好笑地打趣道："我不允许你就不去了？你可以反抗我啊！看你这么胆小，你是个男人，不是只老鼠。"

丈夫闻言十分坚定地开口道："我是个男人。"他停顿一下，继续说，"但关键就在于你害怕的是老鼠。"

丈夫是个十分有风度的男人，面对妻子的打趣，他没有反唇相讥，反而巧妙地表明自己的立场，又给足了妻子的面子。结果，夫妻两人在笑声中感受到了甜蜜的爱意。

笑，是一种快乐和幸福的外在表现。如果你想让你的爱人时刻感受到幸福，不妨用温情点缀你们的生活。当你所爱的人不开心时，耐心逗他（她）一乐；当你们的生活遇到困难，用幽默缓解彼此的压力……

你若爱他（她），就让他（她）拥有一张迷人的笑脸吧！不把差劲的脾气给最亲近的人，自然能够交好运，得到上天的眷顾。

第12章 情绪与家庭：
别把最差的脾气，给了最亲近的人

美满的婚姻是守出来的

"遇见你时，我从未想过你会离开。多年来，谢谢你默默地带给我许多关怀，任我耍赖任性都不离不弃。希望你此生此世陪着我，不离开。"这种情话，这种状态，是每一对情侣所向往和期盼的，但是又有多少人坚持到最后？

真正的爱情不需要多么华丽的告白，长长久久的陪伴最可靠，也最令人期盼。在两个人的世界里，不必过分追求华而不实的东西，能够从平淡而长久的陪伴中感受到那份美好，自然能获得幸福。

有一对老夫妇经常争吵，在孩子眼里，他们之间不会有爱情，只是没有办法才凑合在一起。可能他们也感觉到了，彼此之间更多的是亲情，而非爱情。

虽然上了年纪，争吵却没有减少，甚至比以前更多了。有一次，丈夫大发脾气，吵着要与妻子离婚。无奈之下，孩子只好把妈妈接走，让两个人分开段时间。

没想到，妻子离开了半个月，丈夫就打来电话，让孩子把老伴送回去，说家里太乱了，已经没法正常生活下去了。

孩子没有立即让妈妈回去，又过了半个月，老太太自己也待不住了，吵着要回家。原来，她担心丈夫一个人在家吃不好，睡不好。

两个人重新生活在一起，照旧争吵，只是没有以前那么厉害了。显然，他们都收敛了很多。后来，妻子生病住院了，全家人都很担心。第二天，丈夫就到医院陪伴妻子了。就这样，他每天照顾妻子的饮食起居，陪她聊天、唱歌，再也听不到争吵声了。

　　这对老夫妻比谁都明白，他们其实是在用吵架的方式陪伴着彼此，两个人谁也离不开谁。他们用一辈子的陪伴诠释了爱情的真正内涵和模样。

　　真正的爱情是埋藏在心底的，无须时刻表露出来。或欢喜，或忧伤，这种情绪在极其细腻的感情里，只需一个眼神来传递，或者靠一个动作来配合。最重要的是，彼此能互相陪伴，不离不弃。

　　这个世界上，有太多事物是彼此依恋，分不开的。彼此间相互依靠，敬畏又烘托着，你不能失去我，我也不能缺少你。两个人相处久了，总会有摩擦和碰撞，感情总会遭到各种考验。但是，只要有实实在在的陪伴，内心那份安宁就永远不会失去。

　　陪伴是最长久的告白。即使在一起的日子有争吵，有矛盾，但是吵不走、打不散才是爱情的真谛。只要学会控制自己的心性，有一颗不抛弃、不放弃的心，能够在关键时刻照顾对方的感受，那份爱就永远不会散去。

　　当对方不开心的时候，当对方需要关爱的时候，只要你留在身旁，陪伴左右，任何风雨都无法让内心失去希望。真正的爱是有一个人永远在身边，不离不弃。

　　如果有人陪伴，永远也不会觉得孤单。虽然你不曾经常向对方告白，但是那种坚守能说明一切。陪伴，是给爱人最长情而又动听的告白。如果喜欢一个人，就努力陪伴在对方身边，好好珍惜。

第13章 情绪与社交：
带着同理心交朋友，做人生赢家

人际交往中更大的智慧在于掌握交往中的情绪密码。情绪构建社交生活，我们不应打断它，而是洞察它，从而理性处理社交关系，获得更多的朋友。

善于感知和理解他人的情绪

今天,人们普遍忙于工作、学业,除了跟自己有直接利害关系的人之外,对身边其他人的关注度都不够,不知不觉间,彼此间的心理距离越来越大,觉得周围的人冷漠、自私、不关心自己,自己有话不容易找人说,变得孤独、压抑、不快乐。

实际上,这些问题都是自己造成的。自己对别人的苦乐忧喜没有用心,没有付出,怎么会有回报呢?如果能够用心感知别人的情绪,这种状况就会改变。

说话、做事没有考虑别人的感受,更是给别人带来烦恼和痛苦:刻薄的话语、嘲讽的语气、轻蔑的眼神、冷漠的表情、粗鲁的动作、无所谓的态度、嫉妒的心理等,都是无形的刀剑,在别人心上划下伤痕。每个人都体验过被伤害的痛苦,也体会过被关爱的快乐,推己及人,经常给别人带来麻烦和不快乐,不可能有和谐的人际关系。

住在白宫里的人,每天都要面对大量棘手的问题。塔夫脱总统也不例外,虽然贵为一国的领袖,但他依然饱受人际关系的困扰。在《服务的伦理》一书中,塔夫脱曾经对一位别有企图的母亲做了十分生动的描述。

"华盛顿有位女士跑来找我,她的丈夫在政治圈中颇有影响力,她花费将近六个礼拜的时间来说服我,希望我把某个职位派给他的儿子。"塔夫脱在书中这样写道。

"她认识许多参议员,也拜托他们向我强调这件事。由于这个职位的特殊性，我们必须做技术上的鉴定，最后，我把该职位派给了另外一个人。没过多久，这位母亲就写信来，说我是一个'忘恩负义'的人，让她成了'最不快乐的女人'。她还提及曾为一项我所关心的提案四处奔走，并赢得了各州各个代表的支持，最终才使得这项法案顺利通过，而如今我却如此回报她。

"收到这封信的时候，我非常恼火，首先感觉对方是一位既不讲理又完全没有礼貌的人。当时，我想马上写一封信回击她，但冷静下来仔细想想事情的来龙去脉，我又放弃了最初的想法。我等了两天的时间，然后才坐下来写回信。非常客气地告诉她，我很清楚一位母亲在这样的情况下会非常地失望、难过，但这项工作由谁来胜任不是单靠我一个人就能决定的，必须依照工作的需要。除此之外，我希望她的儿子能够在现在的位置上，做出她所期望的成就。

"出乎意料的是，这封信平息了她的愤怒。在回信中，她对我表示了深深的歉意。但我的任命并没有马上通过，过了很长一段时间，我又收到了一封自称是她丈夫的信件。我能看出，信的笔迹依然是她。在信中，她说自己患了严重的神经衰弱，病得无法起床，并有可能恶化为更严重的胃癌。在信中，她再一次恳求我是否能将这个职位给她的儿子，从而让病情有所好转。

"于是，我不得不再次回了一封信，但这封信是写给她丈夫的。我在信中说，希望她的病是误诊，对此我深表同情。他一定会为妻子的重病而难过，但让我撤销之前的决定是万万不可能的。最终我的那项任命获得了通过，在接到那封信两天后，我在白宫举行音乐会。会上，我遇到了那位夫人和她的丈夫，他们向我表示了深切的问候，尽管之前她还装过病。"

塔夫脱总统最终还是平息了这位夫人的愤怒，就是因为他深知同情的巨大作用。因此，面对他人的种种借口，如果你能深表同情，不仅能够平息对方的不满，还能赢得其好感。

格兹博士曾经在《教育心理学》中说过，每个人都渴望得到他人的关心和同情。小孩子受了伤，便迫不及待地把伤口展示给大人看，甚至夸大自己的伤势，就是为了能获得更多的同情。同样的道理，大人也不例外。他们同样会暴露自己的伤痛，无论是心理上的还是身体上的。他们急于诉说自己的苦难和悲痛，渴望得到更多的关爱和同情。

在我们所遇到的人当中，有75%渴望得到理解和同情，他们或许经历了亲人的离世，或遭遇了人生的重大挫折，或承受着感情的创伤。在人际交往中感知别人的情绪，并采用正确的社交策略，你会最大限度地赢得友谊和帮助。

如果你拥有至高无上的权力，你可能获得很多人的拥护，却无法赢得别人的真心；但如果你拥有一颗同情心，那么将获得权力所无法换来的人心。

"社交紧张"是怎么回事

生活中，有的人见到陌生人会变得紧张，这是一种正常的心理反应，有助于我们提高警惕性，迅速了解对方。

通常，随着交往深入进行，大多数人会逐渐放松紧张的心情，享受与新朋友在一起的乐趣。但是，仍然有一些人无法摆脱焦虑与恐惧情绪，无法与他人建立新的友谊，这往往是一种社交焦虑症。

年轻人经常出现"社交紧张"问题，尤其是遇到大场面的时候，会在很多人面前显得局促不安。显然，这会给其他人留下不良印象。学会克服"社交紧张"情绪，变得更加自信、大方，才容易获得他人欣赏。

莉娜今年26岁，在一家公司做经理助理。对即将到来的婚礼，她感到十分焦虑。莉娜其实不是害怕结婚，相反很期待过上安稳的家庭生活。她真正忧虑的是婚礼本身。她不敢想象，面对有那么多人的婚礼现场，自己会是什么样子。事实上，因为惧怕成为众人的焦点，她已经三番两次推迟婚礼了。

其实，莉娜一直都很害羞，甚至在很小的时候就害怕与众人相处。上高中的时候，面对周围陌生或者熟悉的人群，她也会变得焦虑，并影响到了正常的学习。莉娜认为，在众人面前自己会变得不自在，所以平时很少和大家一起活动。

整个大学期间，莉娜都觉得很难交到好朋友。虽然大家都很喜欢她，经常邀请她去参加活动，但是她很少参加。大学毕业后，她在公司里仍然拒绝与其他员工一起吃饭，也从不参加年终聚餐。

多年来，社交紧张情绪严重干扰了莉娜的学习、工作和社交生活。她独自一人生活，已经习以为常，觉得离开社交活动并不缺少什么。直到现在，这种情绪妨碍到与未婚夫的婚礼，莉娜才意识到自己的社交问题多么严重。

不难发现，莉娜的社交紧张情绪随着时间的推移越来越严重，已经影响到她的正常生活。其实，社交紧张情绪大部分是一种心理作用，解决之道就是调整好自己的心态。

研究发现，社交紧张是一种心理焦虑。作为一种消极的情绪体验，它的形成过程比较复杂。比如，自我意识过分强烈、心理自卑、缺少家庭支持、频繁受挫等，都会强化社交紧张情绪。

具体来说，社交紧张往往伴有脸红、出汗、心慌等症状，这是情绪焦虑引起的生理反应。当事人为了回避导致社交焦虑的情境，往往减少社会交往，甚至选择孤独的生活方式。毫无疑问，逃避无助于解决任何问题。

第一，不逃避，选择勇敢面对。

太在乎他人的看法，并由此变得不自信，这是社交紧张的重要原因。而当内心紧张不安时，许多人会选择逃避，在心里设定一道防线，拒绝与他人交流。其实，逃避并不能缓解紧张情绪，相反会让人变得越来越懦弱，紧张情绪也会越来越严重。

一位心理学家说："我们害怕的其实并不是事物本身，而是自己。"克服社交紧张最好的方法就是勇敢面对，勇敢地直视问题。当你大胆迈出第一步，决心改变自己的时候，就会在社交活动中调整情绪，掌握与人交流的技巧。

第二，学习与各种人打交道的技巧。

从根本上说，克服紧张情绪的终极办法是积累经验。一件事情做得次数越来越多，越来越熟练，紧张的状态就会渐渐缓解。所以不要畏惧紧张，大胆地去尝试，与人接触多了，心里的阴霾就会消失，取而代之的必将是自信满满。

社交紧张情绪的产生，只是因为你还青涩，不熟悉人际相处的规律和法则。每个人都会经历这个阶段，不必过分担忧和恐惧。当你因为紧张而无法自持的时候，不妨对着镜子来一段对话，让焦灼的肌肉和神经松弛一下。

第三，掌握与陌生人交谈的技巧。

人与人之间因为陌生、矛盾和误解，总是存在距离感。如何多一些信任和理解，缩短甚至消除距离感，是花费时间最多的事情，也会占据人们大部分精力。

其实，迅速拉近心理距离并不难，只要你试着像那些政治家、演讲家、谈判家一样，用亲切的寒暄开场，给人留下真实、热情的第一印象，就能提升亲和力，让人感受到你的平易近人。

每天与各种人打交道，在礼貌的寒暄中加入几句亲切、风趣的话，能够迅速消除人与人之间的陌生感，拉近双方的心理距离，为后续的深入交往奠定基础。有的人不注重寒暄，认为那无足轻重，甚至会浪费时间。但是沟通无小事，只有彼此认同、充分互信才会有深度合作、出手相助。所以，在问候与寒暄方面多花点时间和精力，是一笔有价值的投资。

让人对你感兴趣的心理策略

日常谈话中，没有人会对自己不感兴趣的话题投入过多的热情，甚至会置之不理；而遇到自己感兴趣的话题，往往能情绪昂扬地参与其中。因此，与对方沟通时，我们不妨抓住这种心理，实现更深一步的交流。让别人对你产生兴趣，不妨先去了解对方的兴趣所在，然后再谈论对方感兴趣的话题。两个人之间总是会存在一些共同点，比如说到美食、旅游等话题，对方往往会感受到你的善意、关心，自然而然地就会对你产生好感，甚至喜欢上你。

把话说到对方的心坎上，是一种高超的谈话技巧，为此与人交谈要"投其所好"。如果想打开交际的大门，就要顺着对方的心思说话，让美好动听的语言走进他的心窝里。研究表明，每个人一生中都在寻找一种感觉，一种重要感。

与人沟通时，你是一直在倾听对方畅谈，还是自己喋喋不休地说话？如果你能安静地听对方讲话，又能时不时地问一些对方感兴趣的话题，别人就会对你兴趣大增，因为人们总是喜欢谈论自己喜欢的话题。谈论他人最感兴趣的事情，可以说是与人沟通的诀窍。

亨利·杜维诺先生一直想和纽约一家旅馆做生意，供应他们日常需要的面包。4年来，杜维诺先生每隔一星期便要去拜访这家旅馆的经理。他到这位经理常去的社交场合，甚至还会在旅馆中住上一段时间，希望能碰到对方，借此谈拢生意，但是却总是不成功。

"于是，我开始研究人际关系。"杜维诺先生说道："我要改变一下策略,先调查他的兴趣所在。后来,发现他参加了一个由旅馆高级行政人员组成的'全美旅游公会',并且热心成为该会的会长,甚至还想成为一名国际招待员协会的会长。每次召开大会的时候,无论身处何方,他一定会列席参加。"

所以,第二天我去见他的时候,先不谈生意,而是谈论关于旅游公会的事。结果,对方的反应着实让我吃了一惊,他就这个话题滔滔不绝地讲了半个多小时,显得异常兴高采烈。我已经明显看出,那个团体组织是他的兴趣所在,也是他生活中不可分割的一部分。在我离开办公室之前,他还好心地"卖"了一个会员资格给我。

与此同时,我丝毫没有提及任何关于面包的事情,过了几天,旅馆的经理主动打电话给我,让我把样品和价目表带过去。那位总务经理对我说,"我不知道你怎么对付那个顽固的家伙,但你的确成功了。"

我回答道:"你想想看,我和他耗了四年的时间,却总是拿不下订单,如果不是最后发现了他的兴趣所在,恐怕我还要继续纠缠下去。"

如果想让人喜欢你,首先要弄清楚对方的兴趣所在,并在沟通中主动谈论这些话题。找准话题,就会与对方产生共鸣,建立起牢固的感情桥梁,这是深刻了解人并与人愉快相处的交往策略。

每一个拜访过罗斯福总统的人,都会对他渊博的知识赞叹不已,哥马利尔·布雷佛写道:"不管面对的是什么人,牛仔或是骑兵,政客还是外交官,罗斯福都知道该说什么话。"他是怎么做到这一点的?很简单,每当有人来访的前一天,罗斯福都会翻读这位客人特别感兴趣的话题和资料。因为他很清楚,打动别人的最好方式就是找准话题,与对方心灵产生共鸣。

希望每个人都能明白,想要交朋友,并成为受人欢迎的说话高手,就要用你的热情应对他们。接触对方内心思想的妙方就是谈论他们最感兴趣的事情。但是,如果我们只想让别人注意自己,让别人对我们感兴趣,那就永远无法赢得朋友。对别人漠不关心的人,他一生的困难将源源不断,对别人也将造成无穷无尽的伤害。

让人喜欢你、接受你,就要先赞美别人的爱好,迎合对方的口味和兴趣,让自己的兴趣和爱好暂时退避,佯装成和对方兴趣一致,你就能成为一个受欢迎的人。人都有一个特点,总是在喜欢的人面前发现一切优点,而在不喜欢的人身上鸡蛋里挑骨头,到处找毛病。

在沟通中,万万不能反客为主,而应主动迎合对方的话题,慢慢摸清对方的兴趣所在。谈论别人感兴趣的话题,同虚伪的恭维是两码事,这是一种深刻了解他人,并与人愉快相处的好方法。沟通时,要以关系为重,当对方情绪低落或者毫不理睬时,就要刹住车,别再滔滔不绝地谈论那些令人尴尬的话题。

从心理学的角度来说,沟通的语言就是不断地翻译——你倾听对方所说的,翻译成他人所想的,双方由此在沟通中建立了关系。希望大家能够做一个善于倾听的人,多谈论别人感兴趣的事情,这是让别人喜欢你的诀窍。

不因一无所有而耻于交往

美国钢铁大王曾经说过:"我想向那些一出生就一无所有的年轻人表示祝贺,因为你们出生在这样一个令人荣耀的境地,这样的环境必定会促使你们奋发向上。因为只有不断地努力才有机会让你们改变现状,出人头地。"

对一个年轻人而言,他身上最重的担子恐怕是家族里数不尽的财富,这会让他停滞不前,不再努力。而出生在贫困家庭中的年轻人,身上没有如此重的压力,他们会依靠自己的努力不断地拼搏,创造出不可估量的成就来。终有一天,他们能站在最优秀的人群中,成为对社会、对国家有用的人才。

只有拼搏过的人才懂得财富来之不易,才会愈加珍惜,他们无愧于所得的荣誉。而出身贵族的少年却丝毫难以抵挡祖辈们留下的财富。经验表明,越是出身富贵的人,越是摆脱不了财富的牵绊。他们不懂努力,只会坐吃山空,成为对社会没有任何价值的寄生虫。

1931年1月5日,凯蒙斯·威尔逊诞生于美国南方孟菲斯市西北的一个小城镇里。父亲查尔斯·凯蒙斯·威尔逊曾经在美国海军服役,是一名司炉工和办事员。离开队伍后,他在国民人寿和意外事故保险公司工作,成了一名保险推销员。由于工作上认真负责,在1912年被公司派往奥西奥拉的一个办事处。

威尔逊的母亲多尔·威尔逊出身于孟菲斯市的一个贫困家庭,10岁时就被家人送到一家杂货店打工。当威尔逊出生在这个家庭的时候,夫妻二人似乎看到了一丝生活的希望。他们为儿子取名为小查尔斯·凯蒙斯·威尔逊。可是，原本快乐的生活还没持续多久就被打破。在威尔逊9个月大的时候，老凯蒙斯患上了重病——肌肉萎缩性侧索硬化症。这一不治之症使得他全身的肌肉细胞逐渐萎缩，病痛不断加剧，整个人身心俱疲。1913年10月4日，老凯蒙斯还来不及等到儿子满周岁就去世了。

幸好老凯蒙斯生前有远见，为自己买了一份2000美元的保险单，受益人为多尔。这笔钱在当时来说是一笔不小的数目，但是一家没有道德的丧葬用品销售商瞄上了这笔赔偿款。他主动和多尔打交道，利用年轻寡妇的悲痛心情，劝说她为丈夫大办丧事，目的是从中赚取利润。年轻的多尔听信了谗言，为老凯蒙斯举办了一场盛大的丧礼，结果事后所得的赔偿款所剩无几。

终于知道自己上当受骗，但是一切于事无补，她也无心再去追回那笔钱。一个年仅18岁的寡妇带着不满周岁的婴儿，开始为以后的生活打算。她下定决心，无论将来的路有多么崎岖，不管自己遭遇多大的磨难，都要将儿子培养成世界上最有建树的人，在世界的每一个国家都留下脚印。

多尔带着儿子回到孟斯菲市，回到母亲家里居住。这段时间里，她领着政府那份微薄的救济金抚养儿子，但这不是长久之计。她必须走出家门，四处寻找工作，以养活自己和年幼的儿子。几经周折，多尔忍受着周围人的各种嘲讽和唾弃，终于找到了一份工作，给一名牙医当助手，每周收取11美元的工资。这份工作一直干了好几年，直到威尔逊上小学。后来，多尔改行当了一名簿记员，尽管换了一份工作，但是她一个月的收入从来没有超过125美元。这在当时，是多么艰难的岁月。

虽然生活窘迫，威尔逊却十分懂事。他从不向母亲要零花钱，而是早早地就学会出门干活赚钱。经历了常人难以想象的艰辛，威尔逊的事业逐渐有了起色。他经营过爆米花机和弹球机，开过电影院和棋牌室，在吃不饱穿不暖的岁月里，是年幼时的艰辛历练和母亲的爱支撑着他继续坚持下去。终于，在威尔逊33岁的时候，他成为出色的企业家，创下了庞大的事业。

综观那些世界知名企业家的成长历程，不难发现，他们大多都是从一无所有成长到富可敌国。这些人白手起家，依靠自己坚韧的品质和不懈的努力，开辟出一片令人艳羡的事业王国，创下了令世人为之惊叹的成就，从一个被命运抛弃的人转变成天之骄子。

一无所有是一件可耻的事情吗？答案是否定的。很多人因为贫穷的家庭而不敢和人交往，不敢正视他人，这样懦弱的性格能有什么成就？贫穷从来都不可怕，它是上苍赐予我们的宝贵财富，让我们深知生活的不易和艰辛，让我们有了血可流、泪绝不能流的坚韧品质，从而敢于面对一切艰难险阻，成为日后一匹令人惊讶的黑马。

避免发生麻烦的行动策略

在人际交往中,最令人头疼的事情就是发生争执,产生冲突。现实总是残酷的,虽然我们竭力维持良好的人际关系,但是总会与他人出现矛盾。可以说,只要与人接触,就无法避免摩擦的产生。这与人的天性有关,而发生矛盾的原因有很多种。

家庭生活中,夫妻双方或者父母和儿女间也会因为感情不和产生矛盾。家庭是一个人生活的主要场所,如果失去了良好的家庭氛围,就无法将精力集中到事业上来。而事业上的不如意的人又容易把这种情绪带到家庭中,造成恶性循环,积重难返。

各种麻烦处处可见,与人交往时,即便我们主观上希望能够和谐相处,但总免不了产生一些误会,而有些误会来不及解释便根深蒂固,难以消除。无论是何种原因产生的麻烦,对双方都是不利的,不仅会对彼此之间的感情造成难以弥补的伤害,还会对各自的事业产生消极影响,甚至造成无法弥补的遗憾。

威廉姆斯是一个性格急躁的人,毕业之后到一家企划公司任职。刚开始工作,他便会因为一些小事而与同事们发生冲突,人际关系十分紧张。随着时间的推移,威廉姆斯也渐渐认识到这种情形对个人事业发展十分不利。如果想要一个宽松和谐的工作环境,就必须控制自己的情绪,不再与他人发生争执。于是,在接下来的日子里,他开始时刻提醒自己,即使别人做错了,也要耐住性子,不发生正面冲突。

有一天,威廉姆斯将一份重要文件交给总经理的秘书,请领导批示。

到了第二天,他见到总经理说:"经理,昨天我交给您的文件签了吗?"没想到,总经理竟然装作不知道,还装模作样地在办公室里四处寻找,最后耸耸肩,摊开手无奈地说:"对不起,我好像没见过你的文件。"

如果放在从前,威廉姆斯早就大发雷霆,大声指责总经理说:"我昨天亲眼看到秘书把文件放到你的桌子上,你怎么可能没看见,肯定是扔到废纸篓里了。"但是,这样一来总经理肯定面子挂不住,又怎么能忍受下属的奚落呢。两个人之间的冲突在所难免,威廉姆斯的饭碗也将保不住了。

但是威廉姆斯现在早已脱胎换骨,既然总经理睁着眼说瞎话,那又何必与他计较呢?威廉姆斯也装作糊涂地说:"好吧,可能是我还没交给您,我再回去找找。"于是,他下楼回到办公室,又重新弄了一份文件,再次交给总经理。结果,对方连看都没看就签了字。

威廉姆斯深刻懂得麻烦所造成的不良影响,因此在冲突面前掌握有效的解决方式就显得极其重要了。现在,他已经不赞成为了争口气而大动干戈,吵架永远解决不了问题,其结果只能是自己白白丢了饭碗。说到底,谁对谁错并不重要,即使上司错了,你也不能把人逼到绝路,学会给对方一个台阶下,是避免冲突的有效途径。

人与人之间存在各种差异,产生冲突也很正常,但是我们必须学会如何面对冲突,化解麻烦。林肯说:"一个心怀抱负的人是不会在个人意见上浪费时间,更不会因为无法控制的火暴脾气而把事情弄砸。"所以,我们在工作和生活中一定要时刻谨记,尽量避免与人发生冲突。在此我有几点建议,大家可以参考。

发生冲突时,不妨将注意力转移到事情本身,客观分析双方的对错,并就此不再深究,避免将冲突扩大。人与人之间的冲突总是因为一些琐事,为了这些小事而伤了和气是不值得的。在冲突面前,最重要的是不逃避,坦诚以待,主动揽责。将自己的想法说出来,倾听对方的看法,通常再大的问题都能有效解决。

　　学会管住嘴巴，不说辱骂性、难听的话。发生冲突时，双方总会处于一种情绪失控的状态，容易不分青红皂白地批评指责对方，甚至伤害对方的自尊，令人颜面尽失。须知，把批评和抱怨变为间接的暗示和提醒，效果会好得多。此外，你甚至可以适当地让步，主动承认错误，从而避免发生更大冲突。

　　时常抱着宽容之心，明白世界是多样的，人和人之间的气质也是不同的，能够做到这一点，我们才能减少与人发生冲突的机会，从而拉近你与他人的距离，建立起和谐友好的人际关系。

第14章　情绪与工作：
充分挖掘情绪劳动的价值

对每个人来说，工作是最好的修行。充分挖掘情绪劳动的价值，在努力奋进中戒除浮躁、懒惰、自私、贪心，你就能逐步完善自我，不但能过上自己想要的生活，也能遇见更好的自己。

人类的优势在于情绪劳动

进入 21 世纪以来，信息技术与人工智能正在掀起一场新的世界工业革命。人类与机器相比，在算法和编程能力等方面已经望尘莫及；那么，人类的优势是什么呢？"软性技能"是人类的长处，这是机器不具备的东西。比起人工智能，人类的优势在于情绪劳动。

例如，飞机空乘人员除了端茶送水，最重要的工作是处理乘客的情绪，后者就是一种"软性技能"。遇到气流时飞机颠簸，或者发生事故，飞机空乘人员需要让乘客安静下来，避免出现过火的举动。在此，空乘人员首先要控制好自己的情绪，然后再安抚乘客的情绪。这就是情绪劳动。

2015 年，哈佛大学经济学家戴维·戴明指出："最近 30 多年来，美国几乎所有新增就业岗位都对社交技能提出了很高的要求。第一产业农业、第二产业工业中的许多岗位都可以被机器替代，但是第三产业服务业中的岗位只能部分被替代。"

纽约社会工作学者乔治·帕特森调查发现，警察在日常工作中要花费 80% 的时间服务公众，这个过程主要是进行情绪劳动。与犯人搏斗、抓小偷、对付恐怖分子……这些情景往往出现在电影中，与警察的日常工作联系并不紧密。

医疗领域也是如此，优秀的医生善于和患者面对面聊天，深入浅出地把病情说清楚，并安抚好病人的情绪。从病情诊断的角度看，机器早晚会超过医生，但是患者最需要有温度的诊断，被关爱、被抚慰等心理需求得到满足更重要。毫无疑问，这些都是医生擅长的情绪劳动。

情绪劳动是人类独有的一种劳动方式，它需要劳动者掌握情感连接、社交技能等软性文化。机器没有情感，也不具备情绪能力、社交需求，它们只需要交换数据。机器的短板恰恰是人类的长处，因此未来庞大的服务行业需要具备情绪劳动能力强的优秀人才。

一个拥有良好情绪劳动能力的人，首先必须懂得换位思考。主动跳出"当局者"的怪圈，从"旁观者"的角度理性地观察和思考，就容易得出客观公正的认识，做出科学合理的判断。通常，情绪劳动能力强的人情商高，做事灵活应变，不钻牛角尖，从而将人情、事情处理得妥妥当当。

一千个读者眼中有一千个哈姆雷特。情商高的人能够及时发现别人眼中的哈姆雷特，从他的角度思考、解决问题，从而赢得好感与认可，发挥自己在情绪劳动方面的优势。

战胜思维惰性，培养主动精神

本来昨天就应该完成的工作，结果犯懒拖到了今天；早就打算去探望国外的亲戚，可总不能顺利进行；上周末就该大扫除，结果都到这周末了，依然不想做……几乎人人都有过类似的拖延经历，其实，这是"思维惰性"在作祟。

懒惰是人性的组成部分，在潜意识里，人都是好逸恶劳的，表现出来就是各种各样的拖延症。从心理学角度来讲，拖延往往会让人背上沉重的心理负担：悔恨、愧疚、压力、烦躁、不安……如果想远离这种糟糕的状态，就必须战胜思维惰性，养成主动行动的好习惯。

秦勇在周一上班的路上，就做好了一天的工作规划：上午做月度总结，下午草拟下个月的财务预算。

9点，他准时到达办公室，打开电脑登录QQ，自动弹出的腾讯新闻中有一条很有趣的消息，他情不自禁地点开阅读，不知不觉就看了20分钟。好不容易要开始写月度总结了，却发现办公桌上堆满了文件，杂乱无序的办公桌十分影响心情，于是他又花了十几分钟收拾桌面。

月度总结好不容易开了头，一个投诉电话打过来，秦勇又放下手头的工作开始处理投诉。等处理完投诉已经11点多，马上要吃午饭了，他想反正月度总结也写不完，索性浏览一下网站……

结果一整天过去了，早上计划做的工作还处在搁置状态中，只能等第二天上班再做了。

其实，秦勇的工作状态是很多职场人的真实写照。拖延已经成了当今职场人的通病，而克服拖延却十分困难。

要想战胜心理惰性，彻底摆脱拖延症，必须先了解造成拖延的因素。相关研究者认为，最可能引起拖延的心理成因有四点：对成功信心不足、讨厌被他人委派任务、注意力分散且容易冲动、目标与实际的酬劳差距太大。

那么，怎样才能远离"拖延"，养成积极主动的行为习惯呢？

第一，坚决不逃避。

随着移动互联网、智能手机、平板电脑等快速普及，人们的消遣方式越来越多，越来越方便。当遇到难以解决的问题，面对枯燥无味的工作时，人们常常会本能地选择逃避，而网络所提供的各种娱乐，就成了人们躲避的"乐园"。

逃避不能解决问题，只会让问题更严重，所以不管面对怎样的困难和挫折，都要勇敢面对，要用强大的意志力战胜惰性，戒除拖延。

第二，立即行动起来。

如果人总是处于空想或思虑状态，那么自然会变成"思想上的巨人，行动上的矮子"。在现实生活中，空想与拖延往往是一对双生姐妹花，如果做事总是瞻前顾后，前怕狼后怕虎，那么行动难免拖拖拉拉。

提高行动力是战胜思维惰性的一个有效办法，我们不妨有意识地强化"行动"观念，以免被毫无根据的"空想""幻想"阻碍行动。

第三，培养探险意识。

"好奇心"是人们行动最原始的驱动力，我们要保持对新鲜事物的好奇心，有意识地培养勇敢、无畏的探险意识。为此可以有针对性地参加诸如跳伞、蹦极、攀岩等探险性质的活动，这有助于我们养成"迎难而上"的行动习惯，对克服思维惰性、改变固化思维有很大帮助。

养成良好的工作习惯

很多人工作时经常忙得团团转，一天东奔西跑，非常辛苦。在别人眼中，他们是勤劳的化身，可是回头想想，尽管非常忙碌，却没做出什么业绩。虽然每天看似很充实，没有一刻闲暇时间，但是工作没有预想的那么出色，这样难免会打击人的积极性。

忙碌，但是业绩差劲，原因在哪里呢？忙碌不一定是好事，工作业绩也与忙碌没有必然联系。有时候不是你不努力，而是没有良好的工作习惯——分不清主次，不知道先干什么后干什么，没有合理的工作计划，势必导致一事无成。

通过对身边朋友的观察与多年来的经验总结，以下为大家提供四种良好的工作习惯，希望能帮助更多的人学会工作，主动发现并享受工作带来的快乐。

第一，留下与工作有关的东西，拿走没用的东西。

在公司里，不管是小职员，还是公司高层，看见办公桌上堆积如山的文件或者杂乱的信件、报告、备忘录等，都会感到厌烦。这种画面，总让人感觉有做不完的事，分不清头绪，以致产生忧虑的情绪。

显然，一个整洁的环境能营造出轻松的工作氛围，各项事务也更容易处理。一个书桌上堆满了文件的人，如果能把混乱的桌子清理一下，留下手边待处理的一些事情，就会发现原来工作这么轻松。我们把这种清理叫作"料理家务"，是提高效率的第一步。

第二，以事情的重要程度为标准，确定工作的顺序。

萧伯纳在成为伟大的戏剧家之前，只是一个小小的银行职员。长期以来，他梦想成为一名剧作家，为此一直不懈努力。工作中，萧伯纳有一个原则就是先做重要的事。他每天至少写作5页，一直坚持了9年。重要的事要安排在最前面，做好规划再一步步向目标迈进，这就是萧伯纳成功的原因。

富兰克林·白吉尔是美国最成功的保险推销员之一，其制胜之道在于他每天晚上都能将第二天要做的事列在纸上，按事情的轻重缓急安排工作的顺序。这样做，大多数事情都能有条不紊地完成，虽然不能完全按计划照搬，但是办事的效率肯定大大提升了。

第三，必须解决的事情当天或当场解决，不能拖延。

一些公司的员工开完会以后，习惯带着很多资料回家。原本可以陪伴家人，但是却把工作带到家里，占用与家人享受休闲时光的时间，不能不说是一种遗憾。遇到这种情况，的确令人感到烦躁，并影响与家人的感情。此外，带着消极情绪在家工作，很难有出色的表现。追根溯源，这都是工作中办事拖延带来的恶果。

试想一下，如果会议上的内容能在现场解决，当天能完成的工作不拖延，员工就没必要带着大量的资料回家加班了。况且，因为忙不完工作而忧虑，这势必影响以后的工作情绪，降低工作效率。相反，如果能让员工高效率工作，享受工作的激情与生活的闲暇，必然能提高公司的经济效益，也有助于长期保持员工的工作积极性，这就是双赢。

第四，学会在工作中组织、分层负责和监督。

作为一个职员，你可以不懂得分工，只要将上级分给你的工作干好就可以了。但是，如果你是一名主管，却还单打独斗做事，甚至包揽了下属应该干的事，那就是自掘坟墓了。因为升职意味着要学会管理，学会组织工作，并且监督下属，给他们意见和建议。否则，那么多具体工作会让你忙得团团转，而由此造成的精神压力完全可以压垮你。

始终保持自我突破的自觉

在迈向成功的路上，你可以流汗、流泪，但绝不能满足现状。否则，你会慢慢地失去斗志，失去理想，根本无法突破自我。在追寻梦想的路上，无论遭遇挫折还是已经取得不错的成绩，都应该把它们看作人生中最宝贵的经历。

满足于现有成绩，没有危机感，会陷入一种不思进取、不再进步的恶性循环，危机会悄然来临。如果你满足于已有的成绩，就无法超越自我；如果你为了安逸的工作选择舒适区，就没有自我颠覆的机会，也不会有酣畅淋漓的青春。

在人们的想象中，马云是一位好莱坞式的传奇人物，虽然有过许多次失败，但是终究大器晚成。事实上，马云可以过上小富即安的日子，享受自由自在的人生，但是他对自己有更高的要求，渴望在这个变革的时代有所成就。凭借这种自觉，他一次次出走，在不断超越中完成了人生进阶。

早年，马云离开"中国黄页"后再次北上，带着团队加入了外经贸部。在北京的生活三点一线，大家早出晚归，几乎见不到什么阳光。尽管生活和工作环境枯燥乏味，但是大家始终没有放弃，反而更加团结了。凭借踏实肯干的精神，整个团队很快就做出了成绩。

然而马云很快发现，在政府的编制里很难完全伸展拳脚，工作环境不够自由，许多想法无法实现。当时，中国的网络环境正在发生变化，马云意识到如果继续耗在外经贸部中国国际电子商务中心做网站，很可能会错过千载难逢的发展机会。经过一番挣扎和犹豫，马云打算再次离开北京，回到杭州。

随后，马云把自己的想法告诉大家，并分析去留的利弊，让他们自己决定去留问题。他说："我打算回杭州了，你们可以留在部里，留在北京，获得不错的收入。如果想跳槽，我也可以推荐你们去新浪、雅虎这些大公司。反正我决定回杭州了，你们如果想跟我回家二次创业，工资只有500元，办公地点就在我家，然后在附近租房子住。我给你们3天时间考虑。"

接着，大家进行了激烈的讨论。虽然众人不理解马云为什么会做出这样的决定，但经过慎重考虑，最终选择跟随马云回杭州。马云责任重大，背负着众人的未来与希望，做出这样的决策以后只能义无反顾地向前走。

在北京的那些日子，由于马云工作能力出色，不断收到各网站的高薪聘请，其中一些条件很有诱惑力，比如雅虎邀请马云担任雅虎中国的总经理，还有加盟新浪等。但是，马云始终不为所动，毫不犹豫地拒绝了那些看起来很牛的职位。

这个格局宽广的人并没有满足现有的成绩，在他的心中，应该努力种一棵更大的树，结出更美的花朵。毫无疑问，马云看到了充满无限希望的未来，并踌躇满志地期待有一番作为。当然，马云在看到机会的同时，没有忽视风险的存在。

不是每个努力奋斗的人都会取得巨大成功，但是总会有人到达胜利的彼岸。马云曾经说过："我不是一个推崇成功学的人，不喜欢看成功学。我只看别人怎么失败，从别人的失败中反思什么事情不该做，也会从别人的成功里反思他为什么成功，并学习对方获取成功的精神。"

对于想在某个行业一展拳脚的年轻人来说，不能满足于眼前的成绩，要永远想在别人前头。如果没有这样的意识，等待我们的将是被时代抛弃的残酷局面，对个人来说则是一场人生灾难。

工作中永远不给自己找借口

莎士比亚曾在《恺撒大帝》中有过一段精彩的话:"亲爱的布斯诺,这样的错误并不应归于我们所属的星座,而是我们养成的长期听命的习惯。"一个人犯了错,最根本的一点是从自身寻找原因,而不是把责任推卸给对方。那些习惯找借口的人,大多在心灵上不成熟,也很难具备高效的办事能力。

很多人在工作中碰壁以后,经常不停地抱怨:"如果不是……我本可以早点到的;如果不是太忙的话,我早就……我之所以没有按时交工,是因为……"久而久之,这些所谓的借口就成了自然而然的事情,成为推诿与迟延的理由。

研究发现,人们总是习惯于置身事外,将过错推到别人身上,并想方设法逃避责任。令人遗憾的是,这俨然成为人们的通病。为了确保自己的利益不受损害,有的人还会找出种种借口欺骗公司,欺骗他人,也欺骗自己。遇事总是找借口,是一种不称职的表现,当事人无非是想暂时摆脱困境,获得心理上的一些慰藉罢了。问题是,一个人如果频繁推脱责任,必然丧失领导、同事的信任,对积极主动完成工作任务也是一种极大的伤害。

珍妮虽然不是一个漂亮的女孩,却凭借温柔娴静赢得许多男孩的倾心。毕业之后,她在男友开办的公司工作。在那里,不管她犯了什么错误,都不会有人加以指责。于是,珍妮就这样毫无压力地过了两年。不久,她与男友分手了,自然也就离开了这家公司。

后来，她找到了一份新工作——在一家较大的公司做经理助理。这家公司的待遇和晋升制度都非常完善，她很庆幸找到了新的平台和机会。但是，她上班两个月内就迟到了8次，结果引发经理不满。

对此，珍妮语带委屈地说："我住得远，上班时间堵车，不是我想迟到，是真的没有办法……"经理看着她楚楚可怜的样子，也不忍心再说什么。

一天下午，经理临下班时交给珍妮一项工作——将所有与公司来往的客户的详细资料整理出来。还好，珍妮平时习惯做一些笔记，记录客户的资料，所以把这些东西整理出来并不是一件难事。但是，这项工作十分耗时、耗神，而经理又说急着用；所以，她只好在办公室里加班。然而，就在珍妮一边啃盒饭一边整理资料的时候，突然停电了，办公室内一片漆黑。最后，珍妮立即扔掉盒饭，回到了家里。

第二天，经理召开销售会议，向珍妮索要整理好的客户资料。她眨着眼睛，轻声细气地说："我加班整理了好长时间，没想到后来停电了……没有办法继续工作下去，所以我就回家了……"经理虽然脸上不高兴，但还是谅解了她："那好吧，明天一定整理好。"

于是，珍妮一再告诫自己，务必把资料整理好，明天早晨上班后放在经理的桌面上。为了避免办公楼再次停电，她下班后把资料带回了家，准备在家里完成。晚饭后，珍妮立即着手工作，可是刚过了一个小时，睡意就来了，她竟然伏在桌面上睡着了。

第二天早上醒来，珍妮为了整理好客户资料急得连早饭都没吃，就继续埋头苦干。可是，她非但没有完成客户资料的整理工作，竟然又迟到了。当经理黑着脸索要客户资料的时候，她说道："不好意思，我昨晚实在太累了，今天早上立即赶进度，令人遗憾的是仍旧没有完成……"

这一次，经理并没有生气，而是神情淡定地说："你下午到人事部去领这个月的工资吧……"珍妮还想为自己辩解，可是经理已经转身离开了。

显然，珍妮失败的原因就是无休止的借口。她似乎从没觉得自己有错，迟到是因为住得远、堵车；没完成任务的原因是停电、太累……在她的世界里，所有差错都源于外部的因素。最后，珍妮被炒鱿鱼，没人觉得她委屈。一个无时无刻不在找借口的人，一个从来不觉得自己有错的人，一个不愿为自己的过错担责的人，无法得到他人与组织的认同，也很难成为担当重任的高效能人士。

其实，工作中难免犯错，任何人都不可能例外。面对犯错这件事，没有人会因为一时的错误而彻底失去机会。但是，当一个人犯错之后表现得很无辜，并习惯找借口将责任推卸给外界，那他给人的第一印象就是不靠谱，不值得托付重任。

迟到了，与其把堵车当借口，不如承认自己没有计算好时间；没完成任务，与其将责任推给停电这件事，还不如承认自己没料到意外；违反了公司的规章制度，与其把问题归结为个人粗心，不如诚心道歉并接受处分。

必须承认一点，找借口从来就是弱者的行为。犯错并非天大的事，错了就承认，没有什么大不了。然而犯错后找借口，那么你的过错不仅不会减少，反而会加重，因为你在推卸责任，这样的人不可能高效完成工作。

对任何组织来说，他们需要的不是找借口的人，而是想尽办法去完成任务的人。习惯为自己找借口的人，延误了宝贵的时间，导致工作效率低下，打乱了工作进度。说到底，这样的人缺乏高效的执行力，注定无法赢得更多被委以重任的机会。

"逆转思维"帮你化解难题

很多人在面对问题的时候，一般都会按照自己的惯性思维去思考、去解决问题，从没想过尝试新方法。如果你正在为了眼前的事耿耿于怀，找不到解决的办法，不妨利用逆向思维考虑问题，往往心情会大变。

生活的最大成就是对自己的不断改造，在持续努力中悟出成功的真谛。这个世界丰富多彩，充满了无限可能，不必为了暂时的失意而懊恼。在有限的生命里，为何要固守一隅呢？那份苦闷、等待注定无法与新鲜、丰富的探索同日而语。更重要的是，当你告别墨守成规的心理，会发现一个全新的世界，一个真实的自我。

一家三口从农村搬到城市，准备找一处房子租住。大多数房东看到他们带着孩子，拒绝租借。最后，他们来到一个二层小楼的门前，丈夫小心敲开了大门，对房子的主人说："请问，我们一家三口能租住您的房子吗？"

房主看了看他们，说："很抱歉，我不想把房子租给带孩子的租户。要知道，孩子非常闹心，我需要安静。"再一次被拒绝，夫妻两个显得非常失望，拉着小孩的手转身离开。

孩子把这一切都看在眼里，走了没多远，他转身跑回来，用力敲了敲大门。房子的主人打开门，疑惑地打量着眼前的小家伙。小孩突然对房东说："老爷爷，我可以租您的房子吗？我没有带孩子，只带了两个大人。"房东听完孩子的话，哈哈大笑，最终同意把房子租给这一家三口。

其实，事情没有想象中的那么难，只是把自己逼入了绝境，陷入了思维的定式而已。如果你懂得转换思维，自然容易走出困局，重拾好心情。

在这个世界上，一个能够进行反向思考的人，才是真正伟大的人物。学会逆向思考是如此重要，然而在我们身边，很少有人把它当作一种修养。人们喜欢遵从习惯的方式去做事，不懂得彻底否定眼前的一切，这样会限制创新思维，让视野变得狭小。

假如能转换一下角度，以逆向思维来应对，那么你就掌握了一条通往成功的诀窍。经常听到各种各样的抱怨，因为无法摆脱眼前的窘境而懊恼，甚至激化矛盾。大多数人总是产生这样的疑问：为什么我这么笨？其实，只要改变一下方向，就容易发现另一个世界，正确理解眼前的一切。

在各自领域有所成就的人，不是那些一成不变，或者因循守旧的人，而是那些敢于创新，敢于打破常规，敢于质疑，敢于做出改变的人。逆向思维是解决问题的有效办法之一，当你陷入固定思维模式的窠臼而自怨自艾时，不妨用逆向思维去解决问题，最终摆脱不良情绪的困扰。

变换思路让人豁然开朗，心态也会舒畅积极。面对问题的时候，从相反的方向去理解、思考和判断，容易快速找到正确答案，从失意和烦恼中解脱出来。

第15章　情绪与爱情：
恋爱时你的大脑在想什么

爱情带来无限美好，让人快速成长。然而，它也令人忧愁、烦躁，甚至空留许多遗憾。不管你们相处过程中是否惬意，都要学会随时照顾彼此的感受，控制好自己的心绪。

初恋是一个人的兵荒马乱

青春是美好的，无数令人期待的冒险之旅等着你去尝试。在情感的世界里，谁会第一个闯入内心，会留下终生的印记。没有经验，无人指点，与初恋相遇，只能独自一人品尝欣喜，或是苦涩。

生活总是苦乐参半，有甜也有苦，有乐也有悲。最重要的是，无论有怎样的遭遇，我们都应更勇敢一些，让自己更快乐一些，在一个人的兵荒马乱中酣畅淋漓地走过。

一位作家写过一篇小品文，题目是《起初和最后的谢谢》。

起初交往的时候，男人和女人总是表现得十分客气。他请她吃饭，她会说"谢谢"。她为他举箸，他连忙说"谢谢"。他为她拉凳、推门、拿东西，她都不忘说一声"谢谢"。他送她回家，她会温柔地说："谢谢你送我回家。"

她替他翻好衣领，他会说："谢谢。"他送礼物给她，她微笑着说："谢谢你。"

她心情不好，想要见他，他陪了她一个晚上，她会感激地说："谢谢你陪我。"

两个人已经拉手，接吻。接吻之后。她送上一张纸巾给他抹去嘴巴上的唇印。他仍然不忘说："谢谢。"

当她动手脱去他的衣服时，他腼腆地说："谢谢。"

他们说着陌生人的客套话，却做着很相熟的人才做的事。

然后，不知什么时候开始，他们不再说"谢谢"。"谢谢"这两个字从此在他们中间消失，只有当这两个字消失了，他们的关系才会变得更亲密。不再说"谢谢",就是一种肯定,你为我做的,我不必言谢,因为我们的关系已经跟从前不一样了。

当一对情人又再说"谢谢"的时候,也许就是分手的那一天。他们又变成不相干的两个人,还是说一声"谢谢"比较好。

无论爱有多深,缘却有深有浅,谁都期待一段没有分手的爱情,然而并不是每个人都能如愿。也许分手就在幸福的边缘不期而遇,当心慌的那一刻来临,你很可能会乱了分寸,这时候请一定用感恩的心面对一切。初恋是一个人的兵荒马乱,无论经历了什么,都请善待他人,也善待自己,走出失落与失意的旋涡。

好友与初恋分手了,拉上凯文到酒吧倾诉。看得出,好友很伤心,情绪低落。凯文只好耐心劝导:"当初,你先追求的她,还是她先追求的你?"

好友回答:"是她先追求我。"

"问题就在这里。"凯文拍了一下桌子,接着说:"在爱情里,一定要先去追求别人,你才能掌握主动权。"

好友说:"就是因为她先追求我,所以我倾其所有,付出了全部。"

凯文摇摇头:"她主动出击,并成功俘获了你,说明她研究了你的爱好,学会了迎合你的喜怒,逐渐渗透到了你的生活里。在这段感情里,她是掌控者。所以,等她厌倦你的时候,就是离开你的时刻,而你已经对她产生了依恋。结局很简单,她先提出分手,而你成了失意者。"

听到这里,好友哑口无言。凯文接着说:"年轻的时候,谁没失恋过呢!已经过去的就别放在心上,总有一天你会遇到那个对的人。"

初恋对每个人来说,都是刻骨铭心的。如果两个人无法继续走下去,这种情感的旋涡会让人天旋地转。就像在兵荒马乱的年代里惶惶不可终日,内心是无助的,浑身是无力的。悲伤与惶恐之后,我们终究要静下心来,学会淡然处之。

　　生命中不会总是晴空万里，也会有阴云密布的日子。懂得珍惜与感恩的人不会陷入悲伤，即使在兵荒马乱的年华里也能对生活充满信心。今天不知道明天会发生什么，甚至此刻也无法预计下一秒的状况。即便你做好了准备，计划了许久，生命的轨道也会因为某一个意外而偏离原先预设的方向。

　　或许昨天你还有一张鲜活的笑脸，但是今天就可能陷入伤感的状态。人生充满了偶然性，但是总有一些美好的事情令人振奋、期待。所以，面对那些令人难过的事情和局面，请倍加珍惜眼前的好时光。

第15章 情绪与爱情：
恋爱时你的大脑在想什么

我们好像在哪儿见过

"前世的一千次回眸，才换来今生的一次擦肩而过；前世的一千次擦肩而过，才换来今生的一次相识；前生的一千次相识，才换来今生的一次相知。"有人做过统计，地球上有60亿人口，其中有2万个异性适合做你的伴侣。因此，遇到那个与你相知、相恋的人，绝对是一种缘分。

每个人来到世上，都在孤独中行走，始终需要找到一个对的人互相取暖。两个陌生人一见钟情，或者从生疏到相爱，遭遇灵魂战栗的那一刻，都是真爱降临。余生彼此牵手，走过繁花似锦，走过秋风瑟瑟，不知不觉对方已经成为你生命中不可或缺的一部分。

为什么你会选择她（他），而不是另外一个人？为什么你们在此时此刻遇见，而不是去年或明年？为什么四目相对的那一刻，感觉好像在哪儿见过？邂逅爱情的时候，人的情绪会产生奇妙的变化，引发心理上愉悦的体验，令人欲罢不能。

在《向左走，向右走》这部电影中，金城武饰演的刘智康和梁咏琪饰演的蔡嘉仪住在同一幢公寓。然而，他们出门后一个向左走，一个向右走，从未相遇过。虽然不曾相遇，两个人却经常擦肩而过：在电梯里一上一落、在旋转门口一进一出、在月台上分站两旁……两颗心这么近，又那么远，爱就差那么一点点。

后来，刘智康和蔡嘉仪因为拖欠房租被房东纠缠，同时来到公园躲避。在水池的边上，他们终于相遇了。两个人一见钟情，好像一对失散多年的恋人。在那个快乐又甜蜜的下午，这对熟识又陌生的年轻人一起玩旋转木马，在草地上谈心，爱的种子在心底悄悄发芽。

　　人生的际遇很奇妙，充满快乐又有遗憾。许多人缺少一次邂逅，虽然只有一墙之隔，却与那个对的人擦肩而过。现实生活有它冷峻的一面，少了电影情节中那份唯美的浪漫。如果美妙的爱情可遇而不可求，我们就要学会自己制造一场美丽的邂逅。

　　如果眼前出现了喜欢的那个人，不必过分拘谨。你可以大大方方地介绍自己，和她（他）聊一些有趣的话题，测试一下双方是否来电，这才是成年人勇敢追求爱情的正确姿势。

　　制造一次完美的邂逅，就是给自己找一个相爱的理由。你可以主动邀请对方，事先打探对方的喜好，在衣着打扮上下一番功夫，展示自信优雅的一面。你也可以导演一场戏，在电梯口与对方"不期而遇"，然后谈谈情、说说爱。

　　美好的爱情令人向往，它像太阳一样给你无限能量，激发你的热情和才思，理解人生的美妙和生命的美好。遇到那个陌生又熟悉的面孔，千万别迟疑，相信自己的感觉，采取实际行动，幸福就会来敲门。

多巴胺奖赏系统带来愉悦感

当你坠入爱河时,是否感觉每天都很幸福,浑身充满了力气?是否因为热恋过于兴奋而夜不能寐?这一切都与人体中的多巴胺有关。

多巴胺是一种神经传导物质,用来帮助细胞传送脉冲的化学物质。这种脑内分泌物和人的情欲、感觉有关,负责传递兴奋、喜悦等信息。进一步研究表明,多巴胺也是导致各种上瘾行为的重要因素。

一个人坠入情网时,多巴胺会让你对男女爱慕之情产生强烈的渴望和依赖。人类学家海伦·费舍尔曾对恋爱中的人进行脑部扫描,发现他们的多巴胺奖赏系统在高速运转,显示当事人极度兴奋。

在一段感情里,我们只针对特定的对象产生心理依赖,这体现了爱情的排他性。之所以出现这种情况,一个重要原因是多巴胺将她(他)标记为"显著性"对象,让你的爱慕之情聚焦于特定的人。

爱上一个人以后,情感依恋与身体吸引互相促进,拥抱、接吻等亲密行为促使爱恋进一步强化。坠入爱河以后,当事人的心理会产生巨大变化,没有药物可以模仿相应的效果。

除了产生愉悦感,多巴胺还激励着恋爱中的人追求更多的愉悦体验。研究表明,一对男女在热恋阶段,如果女方轻易满足男方的拥抱、亲吻要求,那么男方的多巴胺活跃时间会缩短;反之,如果女方吊足男方的胃口,延迟奖励会让男方的渴求达到高峰。因此,聪明的女人为了抓住男人的心,往往采用欲擒故纵的手段。

任何事物都有两面性,多巴胺带来的愉悦感也会让人丧失理智,过分追求精神上的快感。今天,闪婚、一夜情等日益多发,男女双方并非出自真正的爱恋选择在一起，就是因为多巴胺急速分泌影响了人的判断。面对人生中的激情时刻，多一点理性是很有必要的，否则冲动之后没有地方买后悔药。

每个人都渴望找到心目中的白马王子或白雪公主，陷入热恋中的人们情绪激昂、精力充沛，所有感官都变得敏锐，对恋爱中的细节能够留下深刻印象，并非常享受亲密的时刻。这时候，男女双方总是渴望更多相处的机会，就连吃饭、睡眠也变得可有可无。没办法，恋爱中的男女就是这么不可理喻。

为什么情人眼里出西施

恋人中意的对象,在你眼里可能平淡无奇,我们用"情人眼里出西施"形容这种心理现象。作为当事人,已经对恋爱对象有了深入的了解,已经产生了浓烈的恋爱情感,这时候恋爱对象在她(他)眼里是完美的,只是旁观者无法感知而已。

热恋中的男女对异性美的审视,既针对其外在体貌特征美,也针对其内在心灵美。外表美貌令人心动,心灵美丽令人感动。对此,伟大的文学家托尔斯泰说过:"人不是因为美丽才可爱,而是因为可爱才美丽。"

伊丽莎白·巴莱特是19世纪英国著名的女诗人,然而她长期遭受病痛折磨,最终卧床不起。年近40的时候,巴莱特仍然没有结婚,似乎这辈子要孤独终老,只能与诗歌为伴。

白朗宁是巴莱特的粉丝,对她的诗歌非常痴迷。后来,两个人互通信件,白朗宁对女诗人渐生情愫。不久,巴莱特收到了白朗宁的求爱信,那一刻她竟然不敢相信这是真的。自己卧病在床,如何开始一段感情呢?婚后生活能持久吗?想到这里,巴莱特拒绝了这位求爱者。

但是,白朗宁没有退却,表现出浓烈的热情,最终巴莱特动摇了。两个人一见钟情,白朗宁紧紧拉着巴莱特的手,发出由衷的赞叹:"你真漂亮!"也许是爱情的力量发挥了作用,巴莱特不仅过上了色彩斑斓的生活,困扰多年的疾病也有了好转。

在别人眼里,巴莱特相貌平平,而且身体被疾病困扰,没有一丝美感。但是,白朗宁在她的诗里发现了一个美丽的灵魂,被她由内而外的魅力俘虏，最终谱写了一段佳话。

　　坠入爱河的人沉醉于爱人某一方面的特质，表现出专注、沉迷等特质，引发愉悦的情绪体验。在心理学上，"情人眼里出西施"这一现象被称为"审美错觉"，它可以帮助有情人发掘出恋爱对象身上更深层的美，忽略其他方面的不足，从而稳固两性关系，推动爱情朝着积极的方向发展。

　　英国心理学家霭理士说："在热恋中的男女竟会把对方很丑的特点认为极美，而加以誉扬颂赞。"旁观者无法发现情人眼里的美，又有什么资格说三道四呢？美丽的容貌容易引起好感，甚至与真、善联想到一起，这是一种自然的心理反应。反之，人性深处隐藏的真情、善念也能给予发现者最美的体验，进而产生情感依恋，这又何尝不是人之常情。

　　每个人来到世间，都是大自然的礼物。那些外表并不美的人一定具有最美的一面，只是被藏起来了，等着有心人发现。对年轻人来说，培养健全的审美意识很重要，不拘泥于外表的靓丽，善于发掘异性内心深处的美与才华，才能找到终身伴侣，以自在的方式过一生。

女人"吃醋"背后的嫉妒心理

天下的女人都喜欢"吃醋"。比如,一个年轻的女孩从旁边经过,丈夫由衷地赞叹:"真漂亮啊!"听到这句话,妻子心里会发酸,甚至抓住丈夫的小辫子不放,计较一番。

对此,有人给出了精准的评价:"天下之大,无奇不有,或许能找到几个不吃饭的女人,却很难找到不吃醋的女人。"爱吃醋是女人的天性,表明她们把爱情看得比天大,对感情又非常率真。

在人类社会里,爱情具有排他性。一对男女走到一起,绝不允许任何一方有越轨行为。从某种意义上说,爱情是自私的,容不得一点儿虚假和失贞。女人喜欢"吃醋",就是对丈夫越轨苗头的抵抗,是受到特定刺激后产生的情绪反应。

西汉才女卓文君与司马相如一见倾心,彼此暗生情愫,准备携手余生。结果,他们遭到了卓家的强烈反对,随后私奔到外地。

在异乡的日子里,卓文君与司马相如临街卖酒,维持生计,日子虽然清苦却难掩内心的欣喜。后来,司马相如创作了《子虚赋》,顿时轰动了文坛,被聘为皇帝的侍郎官,命运由此发生了逆转。

司马相如没有摆脱"饱暖思淫欲"的窠臼,看到卓文君年老色衰,于是萌发了纳妾的念头。卓文君知道此事后写下了《白头吟》四首,其中有一段诗文写道:"皑如山上雪,皎若云间月。闻君有两意,故来相决绝。"

通过写诗表达情感,卓文君再擅长不过了。她创作的诗文表达了不妥协的诉求，读来让人感受到主人公的"醋"意与决绝。最终，司马相如迷途知返，打消了纳妾的念头，与卓文君言归于好。

女人吃醋并不可怕，说明她在乎你。从某种程度上说，醋意就是爱对方的表现，心中没有爱自然也不会猜疑和嫉妒。优秀的男人珍视吃醋的女人，不伤害她们脆弱的心灵；优秀的女人懂得适当地表达醋意，让男人更加怜香惜玉。

在错综复杂的男女关系中，把握好"吃醋"的度很重要。事实上，"醋"可调情，也可灭欲。如果女人的醋意过了头，难免将"醋"喝成散伙酒，痛失自己最在乎的那个人。

第一，恋爱期间，女方天真烂漫的嫉妒有助于感情升温。

"你是不是偷看别的女孩子了？别想让我原谅你。""没有我的同意，不许帮女同学搬东西。"对热恋中的男女来说，女方说出这些娇嗔的话本身就令人疼惜，半真半假之间让男方不敢也不忍越轨。这时候，"吃醋"带来的情绪变化是甜美的，令人精神愉悦。

第二，毫无根据地猜忌会恶化亲密关系，应该保持警惕。

恋爱关系进入稳定期以后，有的女性怀疑男朋友有不良企图，或者与其他女性保持着暧昧关系，这种嫉妒不是嗔怪而是责怪，问题就变得严重了。通常，这种女性嫉妒心很重，企图掌控男友的所有动向。这样做无异于给一段感情套上了沉重的枷锁，两方都很辛苦。如果双方不能找到妥善解决问题的方法，恐怕这段感情随时会夭折。

第三，吃醋的前提是信任，吃醋的关键是守住底线。

聪明的女人懂得恰到好处地吃醋，从而增强感情。反之，如果不分原则、地点乱吃醋，会被认为是无理取闹。具体来说，吃醋必须建立在信任基础上，无中生有是大忌；吃醋应该坚守底线思维，绝不将"分手""离婚"挂在嘴边；注意别在大庭广众下吃醋，如果伤了男人的面子就不容易收场了。

为何恋爱中的人患得患失

无论男人还是女人，早年成长过程中都有过依赖父母、师长的心理。随着年龄增长，我们比走出家门、走向社会，拥有了更多自由空间。然而，一旦恋爱以后，许多人的依赖心理再次被唤醒，变得缺乏自信，甚至因为爱情而患得患失。

心理学家认为，坠入爱河的人最害怕失去对方，内心缺少安全感，并由此变得焦虑。他们担心自己配不上异性，说话办事缺乏信心，在爱情里甘愿居于从属地位，不喜欢自己做决定。

与男人相比，女人的依赖心理更加严重，常常伴随到生命的终结。有人总结道：女人小时依赖父母，长大后依赖丈夫，年老后则依赖儿女。在内心深处，她们最担忧心灵无所依托，一旦内心空虚就寻找慰藉。很多女人喜欢养一些小动物，因为她们常常感到孤单，有宠物相伴能够带来精神上的寄托，也满足了心理上的归属感。

进入恋爱状态以后，女人在潜意识里希望自己像"宠物"一样被疼爱，并且非常享受"被宠"的快乐。在心理学上，这被称为"代偿行为"。此外，恋爱持续一段时间以后，女人比男人往往更渴望迈入婚姻的殿堂，这也是内心的安全感使然。一个经济独立的女强人在爱情面前也会变成一个小女人，并且渴望迈入婚姻，因为她想给这段感情加一把锁。

与女人相比，男人在社会竞争中面临着更大的压力。如果说女人可以通过一段婚姻改变命运，比如嫁给一个有钱人，那么男人却几乎没有这种机会，他们必须取得成功才能牵手心仪的女人。因此，热恋中的男人更害怕失去这段感情，由此患得患失。

今天，社会对男人提出了更高的要求，他们必须足够优秀才能与优质女性结合。年轻男子在二十几岁的时候遇到一段真挚的感情，热恋过后会面临强大的经济压力，如果无法提供相应的物质基础，这段感情可能无疾而终。

在没有经济能力的年纪遇到最需要照顾的那个女人，这是年轻男性人生最遗憾的事。真正的爱情从来都是势均力敌，除了学识、容貌、理想等要素，自然也包括相应的经济能力。遗憾难以避免，或者说它们就是人生的一部分，但是对渴求真爱的年轻人来说，让自己变得足够优秀、足够强大，永远是梦想成真的不二法门。

恋爱中的男女患得患失，其实是害怕失去眼前拥有的一切。在最美的年华遇到对的人，无疑是上天恩赐的礼物。对有情人来说，把对方真正放在心上比什么都重要，因为最好的时光就是当下。

第16章 情绪与销售：
抓住客户情绪变化，捕捉成交信号

  优秀的销售人员不仅要对产品了解透彻，还要谙熟客户心理与情绪变化，从而在沟通和谈判中获取客户的认同和信任，实现绝对成交的目标。

销售工作最考验人的耐性

　　市场经济时代，客户每天都会面对众多销售人员，他们可以选择的产品和服务也越来越多。因此，面对推销的时候，不管出于什么心态，客户一般不会马上与销售人员达成协议，而是进行推托。如果销售人员没有耐心，在拜访过几次客户之后就放弃，即便是潜在的客户也会溜走。

　　客户一再推托往往并不是真的不需要产品和服务，很多时候是想做一下比较，希望能够买到物美价廉的产品。所以，如果销售人员对自己的产品和服务有信心，就应该坚持下去。

　　小美是一家服装厂的金牌销售人员，每个月的销售业绩都稳居第一。在一次内部交流会上，经理让小美向大家介绍一下销售经验。

　　然而，小美却说自己并没有什么经验，无非就是跑得勤一点，比别人坚持的时间长一些，说到底就是要有耐心。

　　小美告诉大家，自己刚开始做销售的时候业绩并不理想，她也看了许多有关销售方面的书籍，并按照书上说的方法去实践，但是效果并不理想。后来，一位前辈推荐她看看美国著名推销大师乔·吉拉德写的销售方面的书籍。

　　在这些书中，小美了解到，作为销售人员经常会在客户那里吃闭门羹，但是销售人员自己不能灰心，要有耐心。

　　小美说，乔·吉拉德在推销汽车的时候，每个月都会给客户寄去一张精美的贺卡，而且不管客户采取哪种借口来推托，他都一如既往。即便有的客户说会在四年以后再考虑买车，吉拉德还是每隔一段时间就给这位客户打一个电话，询问对方的需求。凭着这份黏人盯人的功夫，吉拉德做成了不少生意，也成就了"最伟大推销员"的称号。

最后，小美告诉大家，自己一直以来也是以耐性和坚持走下来的。对每位客户都会多次拜访，通常情况下被客户拒绝十次之后，她才确定这位客户没有购买产品的意向。不过她并不会就此放弃，而是继续联系这位客户，争取和对方拉近关系，以便客户以后需要产品的时候会想起她。

事实确实如此，很多客户就是在这种情况下找到小美的。

但是许多销售人员很难做到这一点，当他们被拒绝了几次之后就会灰心丧气。其实所有的销售都是从拒绝开始的，所以成功的销售人员都有锲而不舍的精神。销售是一项长期的工作，只有有条不紊地长期坚持下去，才能见到成绩。

顾客的拒绝是一件很平常的事情，并不是销售人员的绝境。要知道，在这个世界上没有放弃购买的顾客，只有放弃推销的销售人员。

把客户的批评当作个人成长的梯子

销售是一个双方交流、互动的过程,在这期间,客户对销售人员难免会有一些不满和要求。那么,当客户提出不满和意见时,我们又该如何处理呢?不只是一些初级销售人员,就连一些入行很久的老职员,面对客户的批评时,也不乏出现"剃头挑子一头热"的情况。偏激、主观的判断和处理方式对谈判的进展不仅毫无积极作用,甚至还会带来不小的负面影响。

面对客户的批评,最重要的是学会理性思考。一方面要有"宰相肚里能撑船"的气量,另一面也要保持乐观向上的心态,认真想想为什么会受到批评,客户的话是否具有可取之处。从一定程度来说,客户的批评,是销售人员进步的"梯子"。只有抱着这种心态,在谈判过程中才能立于不败之地。而销售人员从以下方面努力,逐步锻炼自己,一定会有飞速的进步。

第一,不要将批评看得太重。

一些销售人员在面对一点小小的批评时,就紧张无措地将其视为重大错误,甚至会将其与自己的前途和命运搭上关系,从而灰心丧气,一蹶不振。这就是将批评看得过重的表现,这种神经质的行为只能使自己偏离轨道,离成功越来越远。

第二,面对批评别毫不在乎。

一些销售人员有着桀骜不驯的性格,面对客户的批评,他们会表现得毫不在乎,依旧我行我素地做事情。这种态度只会激怒对方,给客户一种你并不在乎他的错觉,从而造成谈判失败。所以面对批评不要毫不在乎，以真诚、不卑不亢的态度去应对岂不更好。

第三，被批评不要当面顶撞。

即使很多客户的批评都是无理和不公正的，但是身为销售人员与对方当面顶撞也是不恰当的。冷静地等待对方平息怒气，再向其解释自己的想法，并证明自己的正确性，才是正确的做法。

第四，遭到批评不要满腹牢骚。

一件事情以不同的视角看待，就会得出不一样的看法。面对客户的批评，应冷静、淡然地对待。批评得有理就学习，批评得错误就释然。有则改之、无则加勉的态度才是可取的。

第五，分析客户批评的缘由。

面对客户的批评，不能看得太重，也不能满不在乎。销售人员最终的目的是拿下此单生意，提升自己的业绩和能力，那么收集客户的批评并分析清楚缘由就十分关键和重要了。因为只有弄明白客户提出批评的原因，才能知道沟通中哪里出了问题，从而做出相应的改变，以期拿下订单。

比客户要求的做得更好

销售人员与客户展开合作时,要有长久合作的愿景,并且为了留住客户,一定比客户要求的做得更好,甚至在宽度和深度上都远超客户的意料,让客户认为跟你合作会发展得更好。唯此双方的合作才会长久并且愉快。而且销售人员达成客户的意愿,不仅给客户带来利益,也是自身能力的一种体现,会得到领导和同事的重视与钦佩。想必这是每一个销售人员的心愿,所以用实际行动证明自己才是王道。

随着社会不断发展,销售行业的竞争也越来越激烈。在某种程度上,整个市场的格局渐已转变为客户引导市场的发展。现今的情况是,只有以满足客户需求为首要考量的因素,才是企业获得发展的唯一途径。以客户为主体对象的销售行业也是此理。面对形形色色的客户,销售人员尽显神通,只为让客户满意。

在个性张扬的现代化社会里,越来越多的客户会要求销售人员给出更加个性化和独特性的服务。为了提升业绩,很多销售人员基本上都处于随时待命的状态,一天 24 个小时,基本上有 12 个小时以上的时间都用在工作上,往往周末期间也不能休息,唯恐客户找不到自己,丢失了一单生意。

其实,最为有效的方法就是常常与客户保持联系,将其视为自己真心相待的朋友,在此基础上双方的沟通会密切很多。朋友之间互留电话、QQ 号、微信号等联络方式是非常必要的。将一切能联络到你的方式都悉数告诉客户,以免突发危急情况,客户能及时寻求到你的帮助和建议。当你以一种真诚而友好的态度面对客户时,对方感受到你的善意和态度之后，也会投以相同的回报。全心全意地为客户服务，不只是销售行业的职业诉求，也是一个销售人员人格素养和工作能力的体现。

合作过程中，无论是在产品质量还是售后服务等诸多方便，公司与销售人员都要以满足客户需求为基础，追求更卓越和优质的服务，力争上游。凡事都要比客户要求的做得更好，这样就会让客户对合作对象产生依赖和信任感。长此以往，公司积累了越来越多忠诚的客户，何愁创造不出利益呢。

在与客户的交往之中，可以时不时地给客户制造一些意外之喜。当你将一些出乎客户意料的东西呈现在客户面前时，往往会给他们带来长久的愉悦感。而且这些意外之喜，并不需要销售人员耗费多大的精力和财力。

比如，在日常生活和工作中多留意一些新闻资讯等，将对客户工作有所帮助的内容保存下来，找个合适的时机让客户观看。也可以备一些客户喜欢的小礼物或小食品等，表达你的关心。只要能投其所好，那么目的也就达到了。这只是个人向客户表达心意的一种方式，当你能对客户多表达一些额外的关心和重视，那么你获得的东西就会超乎你的意料。

千万别跟客户较劲儿

由于性情、修养、阶层、年龄、性别等各有不同，导致某些客户在遇到不如意的事情，或者心情不愉快时，会对销售人员的服务有所挑剔；还有一些客户则表现出极强的个性，或者带有某种大多数人不喜欢的特质，让销售人员从情绪上产生排斥。

但是，销售人员不能意气用事，不能随意表明自己的立场和态度，必须懂得揣摩客户的心理，掌握客人的性格和特点，并继续热情、有礼、主动、周到地为客户服务。遇到那些无礼的客户时，一定要细心观察，分析客户难缠的原因，有针对性地做好服务工作。

人都有不同的性格特征，有的性格特征让人喜爱，有的性格特征让人难以接受。但是销售人员万万不能跟客户的性格较劲，如果我们强硬地把个人对客户的好恶表现在与客户的见面与交流中，结果往往得不偿失。

张亮是一家商务公司的工作人员，准备接待三名来公司参观的客户。为此，他早早就准备好了销售样品和资料，琢磨着怎样和客户介绍公司的实力，又猜测着客户会提出什么样的问题。

一号客户首先到了，张亮带着他在会议室见了整个咨询团队，介绍了他们是怎样针对客户的具体问题来制作相应的培训流程和解决方案。张亮介绍得很仔细，一号客户也不时地在笔记本上记，但是很少说话，脸上更多的是无动于衷的表情，偶然能有一点微笑。张亮准备的应答全没有派上用场，等一号客户走了也不清楚对方是不是满意。

二号客户的表现正好相反,他滔滔不绝地吹嘘了一通自己公司的实力,然后表示能够来这里参观是百忙之中抽出的一点时间,希望张亮等人珍惜。咨询团队的几位培训师哭笑不得地看着张亮,希望他能想点办法让主题回到本公司的业务上来。张亮也尝试把客户的注意力拉过来,无奈在介绍过程中对方不断地提问和说话,严重影响了大家的情绪。等二号客户走的时候,所有人都松了口气。

三号客户是一位"专家型"的采购,他慢条斯理地阅读着资料,并要求不能被打扰。然后,他根据资料上的一些项目提出自己的问题,乍一看似乎是个内行,但仔细一听那些看法,大家都忍不住笑了。其实他完全是在不懂装懂,故意刁难。张亮对这样的客户一贯看不上,所以言谈之间开始有了明显的讽刺之意。三号客户大概也听了出来了,于是找了个借口终止了谈话。

针对这些不同个性的客户,张亮显然没有控制好自己的情绪,也没有很好地把控住整个交流进程。最终结果只有一个,那就是"失单"。其失败的原因,归结为如下两点:

第一,没有充分观察客户的个性。

张亮没能在销售刚刚开始的时候就观察仔细客户,并充分判断出对方的性格类型。这种粗枝大叶的态度,缺乏分析的思维方式,导致他无法预先判断出客户下一步的行为,从而无法事先控制好谈判的内容和进度,结果过早地失去了主动权。

第二,没有控制好情绪,导致客户反感。

销售人员应该控制好自己的情绪,不因客户的个性或态度表现出好恶。否则,在销售过程中脱离了理性控制,表露出急躁、愤怒、轻蔑、挑衅等情绪,势必引起客户的不满和失望。性格决定了客户的世界观,也产生了不同的思维方式和谈话特点。张亮没能掌握好这样的事实,也没能因之控制好自己的情绪,所以很难处理好与各类客户的关系。

在销售过程中遇到各种难缠的客户，再正常不过了。对销售人员来说，难缠的客户总是在进行刁难，可是换位思考一下就会发现，这其实是客户对产品的询问、试探、考察。以平常心对待，你才有在销售攻伐中获胜的可能。

俗话说，知己知彼百战不殆，要想搞定这些"刺头"客户，必须要有强大的内心支撑，多想着怎么应对，少去抱怨。这样一来，才能在销售过程中从容不迫、波澜不惊。

丝毫不受客户恶劣情绪、话语、行为的影响，不被客户牵着鼻子走，这是销售人员应有的境界。按照自己的意图引导客户进行消费，并给客户留下愉快的购物体验，成交就会变得轻而易举了。

如何将客户的敌意消于无形

在与客户相处的过程中，无论你多么注意，总有让客户产生敌意的时候。如果碰到了对你产生敌意的客户，一定要妥善处理，采取合理的方式消除客户的戒心，将敌意消弭于无形。

如果你从客户身上感受到了敌意，一定要从大局出发，为了自己的业绩着想，不要直接指出这种敌意，将矛盾激化和公开化。如果你采取了合适的方法，将这种敌意消弭于无形，甚至可以把客户的敌意转变成善意，和对方建立良好的人际关系。

敌意往往产生于误会或是嫉妒，所以当你感受到来自客户的敌意时，最好的方法是及时和客户沟通，了解到敌意产生的原因，这样才能有相应的方法来化解矛盾。如果销售人员任由这种敌意发展下去，很有可能引发客户投诉，给你安上一个"莫须有"的罪名，影响工作的进展。

一般情况下，人与人之间的误会都是可以避免的，最好的方法就是和客户多沟通、好好交流。选个合适的时间，最好是在下午三点左右的时间，带上礼物前去拜访一下客户，把自己的想法和客户讲一下。这样往往可以化解彼此的误会，解开你和客户之间的心结。一定要主动出击，积极改善你们所处的局面，这样容易掌握大局。

无论什么时候，你都要有良好的工作心态。和客户相处的过程中，态度非常重要，以亲和的态度面对客户，这样更容易维系良好关系。在和客户相处的时候，要及时反思自己，不妨本着"有则改之，无则加勉"的原则，让客户对自己更加满意。反思一下与客户相处的过程，如果发现有不妥的地方及时改正，向客户表达自己的歉意，消除客户的误解，这样就能有一个好人缘。

如果你和客户之间的关系非常紧张，无论怎么努力都难以在短时间里消除敌意，可以找一个双方都能接受的中间人。请对方代为传话，为你进行解释，表达你的真实想法，并向客户说明误会产生的原因，把你的心意转达给客户。

这样做不仅可以避免与客户见面时气氛过于尴尬，还可以澄清事实，消除彼此之间的误会，重新坐到一起。只要让客户知道，你并不是有意冒犯，而是有诚意寻求合作，对方一定会理解你的心意。

销售最终的目的是让客户签单，良好的关系有助于最终达成所愿。所以一定要和客户保持融洽的关系，想办法消除客户对你的敌意，即使你可能会受一点委屈。当客户签单时，你会发现这一切都是值得的。

做不成买卖，但可以成为朋友

销售人员和客户之间不是敌对的关系，也不是此消彼长的关系，应该是互利互助的，双方努力实现共赢。所以在谈生意时，不要把客户当作你的敌人，要努力让他成为你的朋友，要亲切友好，不要斤斤计较。

整个社会是一个大舞台，人与人之间的关系是很微妙的，也许某个时候就需要一个人的帮助。所以和客户交谈时，要为长远的发展着想，努力使彼此之间的关系更加融洽。善待你的客户，这样即使买卖不成但情谊还在，对方还会记住你的好。

在一些销售人员的观念里面，与客户谈生意就是为了赚钱，所以双方可以为了一点点的利益争得面红耳赤。事实上，这样的争斗不仅会伤了和气，还会导致两败俱伤，只是一时的意气之争。生意需要双方坐下来真诚地谈判，只有在和谐的氛围内，才有好的结果。

华尔菲电器公司是一家生产自动化养鸡设备的厂家，设备生产出来以后，开始在全国各地销售。公司派出很多销售人员到各地推销，韦伯先生就是其中之一。他来到了一家农舍门口，走上前敲门。不一会儿，一位老太太从门缝里探出头来，当她看到韦伯先生身上的工作牌时，"砰"的一声就把大门关上了。

韦伯先生并没有气馁，继续敲门。那位老太太又打开门，生气地说："我不买你们的电器，不要再来烦我了。"韦伯先生不但没有生气，反而笑着说："对不起，打扰您了，我不是来推销电器的，我只是想买一篓鸡蛋。"接着他又说："我知道您养了很多良种鸡，我想买一篓新鲜的鸡蛋。"

老太太听到这里，放心和他聊了起来。韦伯先生在谈话中流露出对老太太的称赞，说自己养的鸡并没有老太太养的好。这些称赞让老太太十分开心，不一会儿两个人就成了朋友。没过多久，老太太主动提起一些邻居在鸡舍里面安装了自动化的电器，据说效果不错，结果不用韦伯先生推销，老太太就购买了公司的设备。

韦伯先生的推销方法妙在与老太太的交往中猜透了她的心思，并顺着这种心思赞美她，成为老太太的朋友，从而顺利地实现了交易。这是和客户谈生意的一个真谛，彼此像朋友一样交往，支持对方、理解对方，生意就容易促成。

客户经常会做一些让销售人员为难的事情，也许这时候客户根本就不打算和你交易，或者客户对你有很大的意见，在内心抵触你。这时候要用一些巧妙的方法，处理好你们的人际关系。

销售活动是建立在双方良好的人际关系上的。在客户还不确认你值得信赖时，最好不要向他推销产品。因此销售人员要像朋友一样同客户谈生意，只要能成为对方的朋友，想要实现交易就会顺利许多。

第17章　情绪与管理：
领导者要有处变不惊的心理素质

在一个团队中，先管好自己才能领导别人。如果你能有效控制自己的情感和情绪对行为的影响，能更敏锐地觉察到他人的情绪，那你一定能极大地改善与各方面的关系。

为什么情商比智商更重要

哈佛心理学教授丹尼尔·戈尔曼曾经说过:"一个人如果不具备情绪能力,缺乏自我意识,没有同理心,不知怎样与人和谐相处,不管有多么聪明,这个人也不会有很大发展。"智商只是一个人对知识的掌握、对科技的理解,而情商是察觉自己情绪及善用别人情绪的能力。一个人的智商高低并不是决定成功唯一的条件,最重要的是他有很高的情商。

研究表明,在人们取得成功的诸多要素中,智商所占的比例是20%,而情商占80%。有大格局的人情商更高,具备出色的心态调整能力、抗挫折能力等。从某种意义上讲,情商比智商更重要。随着社会的多元化和融合度日益提高,较高的情商将有助于我们获得成功。

马云的成就有目共睹,许多人问他:"很多企业家也具备了跟你同样的素质,但为什么不如你成功呢?"对此,马云回答:"很多人都非常优秀,比我聪明,也非常努力,但为什么我成功了?我认为,第一是毅力,第二是坚持。"

在这里,马云所说的毅力和坚持就是我们常说的情商。在长期努力的过程中具备坚韧的品格,始终坚持既定的奋斗目标,这样的人无疑更有持久创造力,更能赢得竞争、战胜对手。显然,高情商的人比高智商的人更容易获得成功。

阿里巴巴的模式来自马云的灵感和直觉,来自他与团队的激烈的思想碰撞。马云说:"在外经贸部的工作经验使我了解了许多中小企业的需求,也教会我如何让互联网用于世界和中国的中小企业,这的确对我帮助很大。"

谁也不能否认阿里巴巴是马云及其团队的一个伟大创造，阿里巴巴的 B2B 商业模式被誉为世界互联网史上的第四种模式。作为世界上有影响力的经济体，中国有很多发展机会，我们可以借鉴国外的先进经验，但是更重要的是找到适合自己的发展模式。

马云说："人家说阿里巴巴是一个公告板，雅虎是搜索引擎，亚马逊是书店，那又怎么样？最好最成功的往往是最简单的，而把简单的东西做好也不容易。阿里巴巴要像阿甘一样简单。"由此不难看出，阿里巴巴模式是中国国情和网络市场发展阶段的产物，是马云深入市场、深入群众的心血。

情绪是一股强大的心理能量，如果调控得当，会提高人们的注意力、警觉性，呈现出心理素质佳、大局观念强等高情商特征。反之，如果情绪失控，一个人就如一匹脱缰的野马，成为情绪的奴隶，从而在工作、生活各方面表现出低情商的特性。

研究表明，人们在观念、情感等方面会无形中接受外界环境的影响，进而影响到行动。一旦进入积极的情绪状态中，人们会在心理上变得更坚强、勇敢，也更有韧性和抗压能力，并取得令人惊艳的进步。

一个人有怎样的命运，能做出怎样的成就，虽然与周围的环境有关，但是终究取决于本人。与智商相比，情商更能左右一个人的思维、判断，并影响其行为。

对于情商，马云说："成功与否跟情商有关系，跟读书多少没关系，但是跟你成功以后很有关系。成功人士不读书一定会往下滑，而且会滑得很惨。"

丹尼尔·戈尔曼认为，长久以来商业社会太强调"思维"智力的重要性，而忽略了情商。评价一个人的能力大小，既要衡量情商，又要衡量传统的智商。今天，领导者只有用情商提高竞争力，才能带领团队在竞争激烈的市场上活下去。

那么，如何修炼高情商，提高竞争力呢？

第一，放低自己。

对马云来说，成功的因素有很多，但是有一点常人难以做到，那就是没有虚荣心。他坦言："做人要低调，放低自我才能看到别人看不到的东西。"放低自己意味着放弃了夸大、装相、张扬和卖弄的虚荣表现，放弃了许多假正经、假道学、假圣人的虚伪面孔。显然，这样的人更能把握真实的世界。

第二，永远做自己。

一位哲人曾说过："上帝用模型造人，塑造了你之后就把模型捣碎了。因此，你是唯一的。"每个人都是一道风景，所以我们不必过多地在意别人的言论和评价，只要走自己的路、做好自己就足够了。

学会调节自己的心情

在充满竞争的世界里，领导者每天处在繁忙的工作中不得抽身，时刻承受来自团队内外的压力，迎接各种意想不到的挑战。面对强大的压力，该如何应对呢？

显然，一个人内心脆弱、消极悲观则无法胜任领导之责。那些抗压能力强的领导者都善于调节自己的心情，保持乐观的态度，因此展示出强大的控场能力。

有一个人开了一家媒体公司，由于公司生意很顺利，他的心情总是很好，而且遇事从不消极悲观。员工和客户都喜欢他，而且他的公司从一个城市换到另一个城市，公司的业务员都不离不弃。

每当老同学打来电话，询问近况如何，他都这样说："我现在挺好，我很喜欢现在的状态。"如果哪个同事心情不好，他就会告诉对方如何面对挑战。

无论遇到什么事情，面对多大的困难，他都能乐观地处理。一位朋友感觉不可思议，向他取经："你的心态怎么这么好？"

他回答说："每天早上，我一醒来就对自己说，你今天有两种选择：你可以选择心情愉快，也可以选择心情很差。我选择心情愉快。每次有坏事发生时，我可以选择成为一个受害者，也可以选择从中学习某些东西。我选择从中学习。"

麦当劳公司创始人雷蒙·克罗克说："我学会了如何不被难题压垮，

我不愿意同时为两件事情操心,也不让某个难题,不管多么重要,影响到我的睡眠。因为我很清楚,如果我不这样做,就无法保持敏捷的思维和清醒的头脑,以对付第二天早晨的顾客。"

走到每个重要关口,随时需要你做出选择。你选择不同的心态去面对各种处境,而这种选择会影响到你的情绪。团队领导者是大家的主心骨,其一言一行影响着团队的士气。领导者始终情绪高涨、积极向上,整个团队才会斗志昂扬地发起冲击,朝着既定的目标跃进。

当公司发生意外、经营遇到挫折的时候,领导者必须保持一份乐观、积极的心态。不要对未来失去信心,也不要陷入埋怨之中无法自拔。请牢记,上天的公平并不是表现为所有人都有一样的面孔、一样的生活,而是让你以一种损失去换回另一种拥有。

合理引导众人的欲望

人有上进、努力的渴望，也有贪念、做坏事的冲动等消极欲念。韩非子说，祸患是因奸邪之心引发的，而奸邪之心就来自不良的欲望。

领导者必须认清这一点，善于引导人们的欲望，让下属的言行符合组织利益、促进组织发展，而不是破坏大家的利益。这也类似治水，洪水来了，要对它们疏导，用于浇灌、养鱼，别让它们冲毁房屋、危害村庄。

公元前203年，刘邦被项羽的军队围困在荥阳，而此时的大将韩信已经降服了齐国，手下军队数十万。这时韩信派使前来，要求刘邦封他为"假王"。

对此，刘邦大怒："我被敌军围困，就等你前来救助，紧要关头却想讨取封号！"这时候，张良走上前来，说道："大王目前处于不利的境地，满足韩信的要求可以使他忠心为您效劳，何必吝惜一个封号呢！"

听到这里，刘邦恍然大悟，然后大声说："韩信平定了齐国，大长军威，应该封为'齐王'。"于是，刘邦借机立韩信为王，满足了他的欲求；接着，征调他的军队进攻项羽，很快转危为安，扭转了大局。

韩信原来只是一个流浪汉，随着功劳越来越大，他的欲望也日益膨胀，所以才有了要挟刘邦封王的诉求。面对这样的属下，任何一个领导者都难以接受，因为这显然有"功高震主"的嫌疑。刘邦的厉害之处在于站在大局考虑问题，满足韩信的欲求，换取攻打项羽的承诺，最终问鼎天下。

在一个团队里，每个人都有自己的利益诉求，这是他们不断进步、做出成绩的原动力。聪明的领导者懂得合理引导众人的欲望，实现高效管理的目标。

第一，对下属的欲望要合理"引导"。

"海纳百川，有容乃大；壁立千仞，无欲则刚。"当一个人欲望过大的时候，心就无法平静公正了，就会不择手段地要达到目的。但要说一个人没有欲望是不可能的，再无欲无求的人也会有一个心中的梦想。欲望是一种偏好，是人们产生动力的源泉，领导人的职责是引导大家树立正确的偏好，为此奋斗不息。

第二，重视员工的心理诉求。

人们的欲望集中表现为一定的心理诉求，对此领导者要加以重视。尤其是在布置工作任务时，一定要考虑员工的期望是什么，然后通过各种方法调动他们的工作积极性，让员工产生愉悦的心情，提高工作效率。这是"领导"的应有之义。

第三，领导人应教导下属专注做事。

一个人的时间和精力都是有限的，学会专注做事才能释放潜能。在一个团队里，人们只有控制自己的欲望，才能专注于团队利益，这样不仅可以保持队伍的稳定，还可以减少因争权夺利带来的祸患。

情绪糟糕时，别做任何决定

情绪糟糕的时候，不妨停下来冷静一下，然后再做决定。一个人陷入冲动、愤怒、烦躁的状态，会对决策结果造成负面影响。情绪状态不好，意志薄弱，在这个时候无论做出什么样的决定，事后大多追悔莫及。但是覆水难收，一旦事情完成就再难挽回。当你生气的时候，你所说的每一句话都像是一把利剑，直指人心，对人造成无穷的伤害。

为什么人与人之间会有情绪的抵触与对抗呢？因为每个人都想证明自己是对的，一件事情把它界定为对或错的时候，就会出现各种问题。当你认为这件事情是正确的时候，事实上却是错误的，但你不愿承认错误，因此就会与人产生各种矛盾和冲突。

对管理者来说，糟糕的情绪影响个人对事物的判断，容易导致决策偏差。因此，当你有情绪的时候，请放下错误的观念，让自己冷静下来。在这个关键的时候，请不要做出任何冲动的举动，也不要做出任何决定，因为决策失误造成的损失，可能为你的组织带来灾难性影响。

美国南北战争期间，陆军部长斯坦顿来到林肯的办公室，气呼呼地说："一位少将竟然用侮辱的话指责我偏袒某些人！"

林肯听了非常同情斯坦顿，还建议他立即写一封内容尖刻的信，回敬那位可恶的家伙。当时，林肯甚至强调："可以狠狠地骂他一顿。"

斯坦顿非常兴奋，立刻写了一封措辞强烈的信，然后拿给总统看。林肯看了之后说："措辞还可以更犀利一些，要把你的怒火完全发泄出来。"接着，斯坦顿开始写第二封信。

"对，就是这么说。"林肯看了第二封信，连连叫好。"要的就是这个效果！好好训他一顿，就没人敢惹你了。"

斯坦顿觉得非常满意，准备把这封信寄出去。但是，林肯却立即拦住了他，问道："你干什么？"

"马上把信寄出去呀！"斯坦顿有些摸不着头脑了。

"不要胡闹！"林肯大声说，"这封信不能寄出去，快把它扔到炉子里烧掉。凡是生气时写的信，我都是这么处理的。这封信写得很好，显然你已经消除了怒气，那就立刻把信销毁吧！重新写一封措辞诚恳的信，维护好你们的关系。"

正如林肯所说，那封信如果寄出去，后果将不堪设想。陆军部长和少将之间的矛盾如果无法调和，整个军队都会受到不利影响。林肯更具大局意识和领导风范，他及时制止斯坦顿的鲁莽行为，避免了更大的麻烦。

心理学家曾经调查过无数案例，发现很多罪犯在行凶的时候都是被糟糕的情绪冲昏了头脑，愤怒战胜了理智，以至于丧失了最基本的判断与核实的步骤。其实，这是所有人的通病，别人的一个眼神、一句言语、一个动作都能让自己的内心激起波澜。当你心情烦闷的时候，理智也降到了最低点，而此时你做出的任何决定都会让你后悔莫及。

对领导者来说，因为没有控制住情绪而做出错误的决策，最后造成重大损失，这种情况屡见不鲜。工作和生活从来都不是一帆风顺的，我们会悲、会喜、会怒……但是一个理智的领导者不会让这些不良情绪影响到自己的决策和判断。

做一名高效的沟通者

一个优秀的企业，意味着拥有显著的组织绩效，意味着拥有强劲的竞争力，更意味着拥有一个卓越的团队。良好的团队的情绪氛围在一个团队中更是起到中流砥柱的作用。

团队的情绪氛围是一个多面体，包含很多方面：如团队凝聚力内聚力、团队竞争力、团队决策力以及团队人际关系等方面。只有把握好这些团队情绪的各个因素，才能建立起一个优秀的团队。

任何一个人的情绪都很容易受到周边人或者团队氛围的影响。在一个积极的团队中，消极低沉的队员也会被团队的气氛感染，慢慢改变自己的情绪状态。创造良好的情绪氛围不仅会发挥出1+1>2的效力，还会让队员鼓起自信，变得更加默契。

沟通不仅是一种说话技巧，更是一种社交艺术，在团队建设中发挥着不可替代的作用。正如哈·纪伯伦所说："一场争论可能是两个心灵之间的捷径。"一个人沟通能力强，自然善于表达，并懂得聆听，而这恰恰是领导力不可或缺的组成部分。

托马斯·桑德斯三世是一家投资公司的银行家，他专门找寻成长中的公司，为其联络投资公司。身为企业界发掘未来之星的高手，他平时较为注重那些擅长与客户沟通的公司。而他最近拜访的一家珠宝批发公司就精于此道。

桑德斯花了一天时间参观这家公司，但是在电话销售处待了5分钟，就明白了这家公司成功的关键。她说："这家公司处理顾客电话是非常有效率的,并且所提供的服务质量也相当高。'没问题''请你参照我们的目录第 600 页,就可以找到价目表了',一个电话大概 15 分钟,但是期间完全高效率,确保了高质量的服务。"

像这样让顾客知道公司的深切关怀,一定是吸引顾客的亮点所在。所以,这样善于与顾客沟通的公司也一定会成功。在一个良性沟通的团队中,组织绩效一定非常出色,而这与领导者的管理密不可分。

卓越的领导力有一个重要表现,就是当事人为人谦逊、谨慎行事,他们懂得放低姿态把更多的人聚拢在自己周围,耐心倾听大家的想法,创造良性沟通的氛围。即便遇到难缠的员工或下属,他们也懂得激励大家敞开心扉,化解潜在的冲突。

因此,能真正激励别人的沟通才是有效的沟通,才能在弥合分歧的基础上让大家一致行动,这也是所有成功者拥有卓越领导力的重要表现。由此看来,好的领导者不会安于现状,也不会故步自封。他们不仅会保持在行业领域内的顶尖水平,还会提升在其他各个领域的知识和理解力。

美国前总统里根被称为"伟大的沟通者",这一称呼绝非徒有虚名。变幻莫测的政界让他了解到与自己所服务对象进行沟通的重要性。所以即使身居高位,他也仍保留着阅读选民来信的习惯。这并非他的创举,早在一百多年前,亚伯拉罕·林肯总统也是这样做的。

当时,任何美国人都可以直接向总统请愿,所以林肯经常亲自回复请愿者的信,偶尔让助理帮忙。虽然这遭到不少人的批评,因为当时正值国家内战,联邦待援也处于非常时期,但是林肯总是对这些小事亲力亲为。因为他深知自己的职责所在,而民意是行使职责的基础。

罗马剧作家帕布里亚斯·席洛斯说过:"只有在他人对我们感兴趣时,好感才会不由自主地涌上心头。"所以,凡事都尝试着接纳别人,会创造一种信任、合作的氛围。拥有更高的领导力,就要大胆地说出自己心中的想法,也尝试着去做一名合格的听众,让没有生机的观点在热烈的讨论中得以重生。

　　沟通并非易事，因为它需要双方都积极思考，并努力参与的氛围，在这种环境中提出自己的想法，与其他人进行有效的讨论，经过一番努力就可以解决问题。在团队沟通这个问题上，领导力强的人会调动他人的积极性，促使对方敞开心扉，充分表达想法，后者能够给予倾听。

懂得踩油门,也要懂得踩刹车

让企业迅速发展壮大,经营者有这种想法再正常不过了。但是,追求发展速度不是一口吃个胖子。三百六十行,几乎没有一行可以一步登天。经营公司要稳扎稳打,步步为营。

作为企业的领头羊,经营者要时刻保持清醒的头脑。发展到一定阶段,是追求销售额和市场占有率的增长,还是盯紧利润的增加,确实需要相当的商业智慧。

鸿海在成长过程中,如何拒绝成长的诱惑,是郭台铭天天在思考的一个问题。一个企业在快速发展的时候,如果不懂得踩刹车,只知道踩油门,很可能会面临失控的危险。把握好成长的"速度",是一门学问。

一家通信网络企业的总裁对他说过这样一段话,让郭台铭记忆犹新,他说:"我们公司过去连续四十几季成长,员工早就忘了怎么让扩充产能刹车,Where is the brake?刹车在哪里?能卖东西就一直卖,就像在上坡一直开车,脚放在油门上一直开四十几个小时,突然一下子叫司机踩刹车,司机却忘了怎么刹。"

鸿海在成长过程中,几次爆发式增长也给郭台铭带来很大冲击。看到企业倍速增长,既有兴奋,也有担心。他害怕的不是企业赚更多的钱,而是担心企业快速成长会带来管理上的挑战,如果团队跟不上,鸿海很可能像脱缰的野马,失去控制,那就惨了。

有人曾经问过F1速度之王迈克尔·舒马赫:"赛车最关键的技术是

什么？"他说："刹车！"刹车的目的是减速，可以使速度降低，保持稳健的运行；遇到万丈深渊，刹车还可以使车辆停止，避免粉身碎骨。刹车是汽车驾驶中最重要的环节，不会刹车的人开车是没有安全性可言的。

做企业和开车一样，必须学会刹车，掌握好速度。有的经营者只知道加油，其实是没控制好自己的欲望，如果分不清野心与梦想，让非理性冲昏了头脑，早晚会出事。

就像一个买彩票的人，天天想着中 500 万；但是，有一天真中奖了，他也许会像范进中举一样疯了，因为这种一步登天的好事超过了他的心理承受能力。企业发展也一样，要保持合适的速度，出现各种问题及时纠正，才能稳健成长。

此外，踩刹车还是为了看清方向，当一个行业的成长空间缩小的时候，你要学会转向，或者找到下一个发展天地，这也是领导人需要考虑的事情。